U0031216

企業就是自媒體

掌握內容行銷大趨勢，打造直通顧客的策略與方法

沙建軍 著

目錄

3　怎一個「情」字了得

4　有趣才是正經事兒

5　如何從創意卓越到內容卓越

6　怎麼做好企業的內容長

推薦序

用好故事，點燃行銷的亮點

潘思璇

童顏有機股份有限公司 童顏長／杏和聯合會計師事務所 會計師

　　在大家忙著投廣告、研究使用者輪廓、做問卷調查、分析數據、引進 AI ／機器人／ CRM 工具的同時，有一件事情顯得至關重要——「故事」。冷硬的知識寫成小說，突然就有人想看了，看完還忍不住開始 google 更多相關知識。很多人推銷產品使用叫賣式的強硬銷售，列出痛點和解決方案（我也不例外），但如果消費者根本沒有痛點，他們只想聽個有趣／感人／具啟發性的故事，怎麼辦？行銷的本質不外乎人性，內容行銷也不是新名詞，《企業就是自媒體》這本書所提到的案例，值得身處網路世界的行銷人放在手邊好好想想：「你在瞎忙嗎？」

　　書裡提到 2016 年牛津詞典的年度詞彙為「後真相」（posttruth），意思是「訴諸情感與個人信仰，比陳述客觀事實具有更大民意影響力的種種狀況」。訴諸情感與個人信仰，比陳述客觀事實具有更大的影響力，講道理還不如講故

事，教小孩你肯定也會遇到同樣的狀況。

　　書中也提到，「一個品牌如果要長久，就必須先把自己變成媒體，透過內容去傳播發生在企業內外部林林總總的故事，在獲得關注的同時，與消費者建立持久的信任關係。」就拿我自己在經營的品牌來舉例，我們最經典的保養系列使用有機乳香精油，看到這裡你可能心想：「好喔，乳香是啥？是牛奶嗎？」如果採用傳統的做法，我就得跟你說：「眼角有細紋了嗎？人過 25 歲就開始老化，你感到肌膚乾燥缺水嗎？童顏有機的乳香抗老系列，可以緊致肌膚、對抗細紋、還你童顏。」然後你很可能就會滑過這則廣告，完全不記得你剛剛看了什麼，除非你真的剛好在煩惱眼角細紋。再說，緊致肌膚這句話大概有成千上萬個品牌在用，每個都會跟你說它們成分多厲害，多了不起，已經賣出幾萬瓶，做過什麼人體實驗，99%的人表示使用一週以後確實感受到肌膚緊致。

　　很膩吧？我也很膩，該是說故事的時候了。「乳香其實是一種樹脂，埃及豔后會用乳香來敷臉……但因為乳香太受歡迎，已經有絕種危機。大部分的乳香樹必須用刀割樹皮，使樹脂從割口流出，而我們選擇的樹種會自然流出樹脂，無需刀割，不危害樹的生長。」我不敢說這是個多好的故事，但看起來沒有上一段那麼膩了吧？

　　甚至我還可以再加一段：「其實呢，我一直很想把這個

供應商換掉，因為跟非洲人做生意真的好痛苦，他們答應你出貨，等到真的上飛機，大概過三個月了。有一次他們答應出貨，等到我台灣庫存都用完了還沒到，問他們結果查了半天說，中東人拿現金買走了！可以這樣嗎？我有付訂金欸！害我現在有錢就拿去買乳香精油，反正乳香越放越香！」開玩笑的，台灣跟非洲可是貿易好夥伴，但你可以感受到乳香是個多麼搶手的精油，友善環境的乳香樹種又有多難找了吧？

另外，不是光說個好故事就夠了，還要考慮到受眾與內容傳遞的平台，例如像我這種中年婦女，經營 IG 可能就不具優勢，但團隊裡面如果有年輕人具有美感、熟悉 IG 生態又了解品牌調性，就可以交給他好好發揮。在台灣也有工具可以搜集論壇資料，知道消費者現正關心什麼樣的議題，幫助你從中獲取靈感。更重要的是，工作之餘也不能忘記享受生活；一個心靈荒蕪的人，不可能寫出感動人心的文案，行銷關乎人性，文字和創意來自於生活經驗的深度。

書裡面無數個例子都比我上面寫的故事好，非常具有啟發性，不論你是行銷人員，或是生產內容的人，都可以邊看這本書，邊深思自家的公司如何自己發聲、如何把內容行銷化、能傳達什麼價值給客戶、如何與消費者互動……相信應該都能從書中獲得新的思考。

趕快來燃燒你的腦細胞吧！

推薦序
內容：抵達顧客內心最短的路

楊石頭
智立方品牌行銷傳播集團董事長兼執行長

　　這是一個秒時代。關於吸引受眾，曾經有個「520 原則」：如果 5 分鐘之內，你沒有讓對方產生代入感，就別指望他給你 20 分鐘。而現在，這個時間單位變成了秒。也就是說，5 秒鐘之內，你沒有引起對方的興趣，他連 20 秒鐘都不願意給你。這在影片行業叫作「9 秒定乾坤」，基本上大部分影片在 9 秒鐘之內就被關閉了。因此，別老說人家瞧不起你，別鬧了，人家根本就沒瞧你。

　　在資訊量極大豐富龐雜的當下，傳統的告知式傳播已經失效，需要透過創作「容易被用戶感知的內容」來傳情達意。這種傳播觀念和方式被稱為「內容行銷」。

　　根據我們的觀察，在行動網路時代，女性思維開始占上風。女性思維的特點是重視過程與感受，這個感受包括安全感、存在感和優越感。比如領結婚證書就是為了有安全感，哪怕有一天會離婚，有間房子也好；而存在感在微信朋友圈

展現得更明顯，她寫一句「我家被水淹了」，你按讚，她都覺得很好；優越感是比存在感更高級的心理需求，很多時候幸福是比較出來的，而優越指數在某種程度上代表了幸福指數。

如何讓資訊被感知呢？關鍵有三點：共感、共振和共鳴。你不能跟沒到過北方的海南人解釋長白山的雪，如果他們沒到過類似的地方，根本就不能領會，也不會有感覺。紅牛的品牌廣告語「你的能量超乎你想像」，其實很多年前就準備好了，但為什麼在 2014 年 1 月 1 日才啟用呢？原因在於時機未到。在那個時間點上，有黑洞般自信的「90 後」開始長大了，他們的自我認同感需要借助一個品牌喊出來。因此，當紅牛推出這句廣告語時，就會讓他們產生強烈的共振。

當科技顛覆人性，簡單顛覆複雜，感性就會超越理性。而共鳴就是你經歷的事他也經歷過，你說完大家能會心一笑，你認同的價值觀也是他一直堅持和信奉的。也許，他對某些價值觀並沒有清晰的概念，但看過你的文章、圖片、影片後，他會在心裡默默說你是對的。另外，電影、行銷環節中的背景音樂等也非常重要，因為它們可以喚起用戶的情緒。當然，產生情緒共振的方式和方法有很多，建軍在書中進行了很多分析和闡述，在此就不贅述了。

由於出生環境和所處的語境不同，每個年齡層的人產生

共感和共鳴的方式也不同。現在，代間或者代溝基本上是以 5 年來計算。14~16 歲的少年處在青春叛逆期，20 歲左右處於性格定型期，24~26 歲處於糾結青春期，有些人一過 30 歲就進入焦慮性青春期，35 歲左右則處於少年心氣已散盡、中年修為還沒來、看事沒看透、看花沒看夠的狀態。當品牌面對這些不同族群的人時，需要用一把鑰匙開一把鎖。

2016 年，我們團隊為智慧新聞資訊 App「一點資訊」策劃。首先，我們根據一點資訊的特點，把目標受眾定位為「四有新人」——有品、有料、有趣、有用。他們是在事業路上的生活者和夢想實踐家，有著敏感的靈魂、大條的神經、深沉的想法、世俗的趣味，無論生活是否善待自己，都會自由的活著；即使生活沉重得像個鉛球，也要如同高飛的開心氣球；哪怕身處伸手不見五指的黑暗隧道裡，依然能在靈魂深處，看見隧道那頭的光亮；對於不確定的未來，能懷著樂觀的期待，或許有點心事、可能有點難言的痛，每天依然笑嘻嘻的生活下去。

然後，我們環繞用戶心智中各種糾結的關注點創造話題，不講正確的廢話，專挑吐槽點、痛點和糾結點，針對全國二十多個城市和地區的不同媒介情境，利用社交端、入口網站、平面、線下媒體，以品牌聯合、跨界合作、第 5 代 HTML（以下簡稱 H5）等多種方式，將有品、有料、有趣、有用的各類資訊以新聞資訊標題形式呈現。最後，我們用

1,000 個內容製造了 1,000 個問題，並在關鍵部分用一點資訊的標誌稍微遮擋，用戶需要掃碼才能獲得全部資訊。基本上一人一問題，一心一答案。這個簡單的互動也表達了一點資訊的核心觀點──「你最想看的，就在一點資訊」。最終，這個策畫方案使一點資訊的品牌知名度和認知度從 20% 提升到 50%，也獲得了業內多個行銷類大獎。

以前我們說行銷是「創意＋媒介」，現在則是「內容＋平臺」。因此，在做內容行銷時，我們首先要思考如何多元化的搶占陣地平臺，比如微博、微信、音訊、新聞等，確定自己的平臺矩陣[1]；然後再生產內容。現在的內容也不再是簡單的一幅畫、一個活動或者一個故事，而是持續不斷的輸出各種新、奇、怪、美、潮、樂、酷的資訊、思想、價值觀和趣味。

在行銷策劃和品牌傳播的實戰專家中，就系統梳理、總結內容行銷理論和案例而言，建軍算是最早的一個。他不僅最早創辦了定位內容行銷商學院的「一品內容官」，而且還跟國內外的著名商學院和內容行銷機構合作，發起成立了中國內容行銷研究院，讓產學研的各界專家有更好的溝通平臺。

在這本書中，他就企業如何做內容行銷、電商如何透過

1　編註：透過經營各種不同平臺，一同打造企業或個人品牌的組合模式。

內容賣貨、什麼樣的內容才是好內容、如何做好內容長等問題，提出很有見地的答案。

如果你是企業高層，也許會對「組織媒介化」、「行銷內容化」、「內容情趣化」的行銷大趨勢，以及企業針對行銷轉型的 5 個戰略重點感興趣；如果你是內容行銷的操盤手，則「情」、「趣」、「用」、「品」的內容創作方法論，「故事化」、「情境化」、「娛樂化」的內容創作趨勢和「如何做好內容長」的經驗和建議會讓你受益無窮；如果你是內容電商從業者，則可以感受到爆文到爆款的打造路徑；即使你從事的行業和職業離行銷很遠，在「IP」[2]、「網紅」、「人格魅力體」滿天飛的時代，「如何用內容打造個人品牌」肯定會給你很多啟發，因為沒任何從政經驗的川普，就是靠做內容當選了總統。

就像書中所說的，在這個充滿變化的時代，不管你願不願意，都將被捲入內容行銷的大潮。

未來撲面而來，我們一起期待。

2　編註：「IP」即「智慧財產權」（Intellectual Property），包括專利權、
　　商標權、著作權。

推薦序
擁抱內容行銷時代

余明陽

上海交通大學安泰經濟與管理學院教授、博導

　　記得 20 年前我博士後結束時，當時的評審委員會主席、著名管理學家、復旦大學管理學院老院長鄭紹濂教授曾跟我說過，管理學不是一個引數而是一個因變數，社會才是引數，社會的不斷變化，必然引起管理學學科體系和相應內容的不斷變化。有點像為孩子做衣服，衣服總會做得大一點；但過不了多久，孩子又長大了，衣服又需要重做。所以，管理學院及管理學家們總是在追趕時代變化的步伐，可能永遠無法完全同步，但同向、同行是必然的。也正因為如此，市場行銷學泰斗、美國西北大學凱洛管理學院終身教授菲利普‧科特勒（Philip Kotler）編寫的最有影響的教材《行銷管理》（*Marketing Management*）至今已修訂了幾十版。這種現象在其他學科顯得不可思議，但在市場行銷學中，這不僅是必要的，而且是必須的。

　　隨著社會政治、經濟、科技、文化的深層變化，我們曾

經非常熟悉的市場現在卻顯得非常陌生。以「喜茶」為代表
的網紅產品，一時推高了網紅行銷的關注度。甚至有人說，
沒有去過上海人民廣場排長隊消費三大網紅食品[1]的人，絕
對算不上潮人。也許，中年人對花時間排隊購買這些並非大
眾口味的產品非常不屑，但你不得不承認，網紅和他們所推
廣的這些只加了點水果、起司的產品，從一開始就受到了年
輕人的追捧，確實獲得了巨大的成功。也有人會質疑這些網
紅產品的生命力，但即使是暫時的輝煌、曾經的輝煌，也是
輝煌，也值得人們尊重和關注。

　　今天的消費趨勢中還有一個很有意思的現象——科技產
品的快消品化。很多人換手機的頻率跟買牙膏的次數差不
多，一些手機廠商只是在拍照技術、音響效果、外觀設計等
極細微的領域中有所創新，就能引發「90後」和「00後」
等新一代消費者的瘋狂追捧，把手機這種傳統意義上的耐用
品變成了今天的快消品，而「手機金融」時代也隨之來臨。
2017年的一項調查表明，「90後」消費者的購買能力是「70
後」的3倍。毫無疑問，從收入的角度來看，「70後」肯定
遠高於「90後」，但消費理念的差異導致「90後」的人更接
受貸款消費。不光是貴重產品，像衣服、日用品這樣的簡單

1　編註：鮑師傅、喜茶和光之乳酪被稱為上海人民廣場的「三大網紅食
　　品」。通常，購買這些產品需排隊4~6小時。

商品，他們也很願意使用金融槓杆來超前消費。而毫無疑問，「90後」代表著未來的消費趨勢，做為行銷學學者，必須正視這種消費心理的深刻變化。

傳統媒體受到巨大打壓，甚至面臨生存危機，這是個不爭的事實。一份又一份我們非常熟悉的報紙，告別了實體版，甚至早已消失在人們的視野中；電視臺不再關注收視率，而開始考慮開機率，甚至有些電視臺開始崇尚「得大媽者得天下」，將跳廣場舞的族群鎖定為核心觀看族群，其衰落和被邊緣化可見一斑。

社會正進入淺閱讀時代，時間的碎片化、資訊的多維化、大數據帶來的消費者精準鎖定、搜尋引擎提供的資訊便捷索取等，都使得閱讀方式由「板凳要坐十年冷」演變為「弱水三千，只取一瓢飲」。今日頭條的大數據系統已經開始對消費者的消費取向進行大數據分析，根據消費者曾經關注的新聞偏好進行針對性的內容推播，以滿足消費者「只取一瓢飲」的消費需求。在這樣的背景下，根本無法區別行銷中管道、媒介、載體和內容的差異，管道即媒介，媒介即內容，內容即行銷。人們在接受內容的過程中，不經意間便接受了產品，內容行銷就是這麼來的。

本書作者沙建軍先生曾經在不同場合下聽過我的課，也算是我的一位編外學生。他執掌達道品牌顧問機構多年，是一位頗有建樹的品牌管理和策劃諮詢師。難能可貴的是，建

軍是一個很願意思考，也很善於思考的人。他理論功底深厚，又在多年的諮詢實踐中積累了豐富的經驗。在理論和實踐的結合中，他逐步悟出了一個道理：今天的行銷已步入內容行銷時代。為此，他發起成立了「中國內容行銷研究院」。參與研究的很多是著名大專院校的大牌學者、專業顧問公司的高階主管、媒體（尤其是新媒體）營運的專業人才等。蒙大家不棄，邀請我擔任中國內容行銷研究院院長，實在是勉為其難。因為我的主攻方向是品牌研究，對新媒體的熟悉程度很不夠，但我很願意推動行銷創新。

我一直認為，行銷學一旦停止創新便失去了生命力，行銷的生命在於創新，行銷被市場認同的價值也在於它的創新能力。因此，一切有利於行銷創新的舉措，我都持積極的態度。2016 年 11 月，中國內容行銷研究院的成立大會在上海龍之夢大酒店舉行，我在會上做了一個關於行銷創新的主題演講。有人把 2016 年稱為內容行銷的元年，這一說法是否得當還有待考證。但從 2016 年開始，有關內容行銷的文章層出不窮，各種全新的典範、概念、學術體系、邏輯架構、規律探索都得到了廣泛的關注，這是十分可喜的。我相信隨著人工智慧、大數據和雲端運算等一系列科技創新，日益顯示出其強大的生命力，各種全新的行銷理論會層出不窮，內容行銷便是其中重要的組成。

建軍的這本新書，是中國最早把內容行銷做為研究方向

的著作之一，傾注了他多年的理論思考和實踐探索。本書思路開闊、體系完整、案例生動、分析精到，從各個層面對內容行銷進行剖析，得出了內容行銷的基本規律，對內容行銷學的成長與成熟大有裨益。儘管內容行銷學尚顯稚嫩，本書也帶有很大程度上的原創性和探索性，但正因為從無到有的過程格外艱難，才顯出這種探索的難能可貴。因此，我接受了建軍的邀請為本書作序，願意向更多的朋友推薦這本非常值得一讀的好書。

前言
新世界的行銷，
要先有意思，才有意義

▌ 沒有從政經驗的川普靠做內容成為總統

　　2015 年 10 月，筆者在美國考察，當時的美國總統選戰
正如火如荼的進行，打開電視，不是關於選舉的統計分析，
就是希拉蕊和川普的互相攻訐和辯論。當出現川普的鏡頭
時，大多以特寫的方式，展示他那代表性的誇張表情、精心
打理但是稀疏細長的瀏海，有些電視臺甚至把他誇張的表情
做成短片。雖然美國很多媒體號稱是客觀報導，但做為一個
曾經的媒體人，我怎麼看都無法忽略鏡頭裡的嘲諷和奚落。

　　果然，美國著名的民調機構發布報告說，美國影響力最
大的 100 家報紙中，有 56 家明確表示支持希拉蕊，而支持
川普的只有一家；電視媒體同樣如此，包括哥倫比亞廣播公
司（CBS）、美國全國廣播公司（NBC）、美國廣播公司
（ABC）在內，幾乎所有主流電視媒體都把槍口對準了川普。

　　但是，2016 年 11 月 9 日，選舉塵埃落定時，整個世界
沸騰了，因為那個沒有一絲從政經驗，就靠有錢和耍寶參選

的川普，在參選初期被嚴重不看好，並且隨著選舉的深入，他滿嘴跑火車[1]，言語和表情誇張，聲稱要在美國和墨西哥之間建立長城等過激言論，也一直被當作是沒有選舉經驗的笑話，但是最終，不管大眾媒體怎麼說，就是這位看上去極不可靠的候選人，當選為新任美國總統。

很多人說川普的當選是極低機率的「黑天鵝」事件，另外很多人說是社群媒體幫了川普大忙，還有人說川普的上臺意味著人民對精英政治的厭倦。

善用新世界的行銷方式

其實，從他們的專業立場看，這些分析都很有道理。但是，如果從行銷的角度看，他們都錯了，因為不是這個世界的黑天鵝多，而是很多人沒有看懂新世界的行銷方式。

1986 年 2 月 4 日，喬治亞州東部伯克郡的農民希爾，在買了一份保額可觀的壽險保單以後，在自家臥室裡用一具雪橇結束了自己的生命。原因其實很簡單，因為長期的農業歉收，他家面臨大約 30 萬美元的銀行債務，如果不能按期償還的話，他將失去祖輩三代經營的農場。而對農民來說，失去土地是恥辱的。為了能讓家人繼續生活在這片土地上，他選擇自殺。顯然，希爾先生沒有仔細看保單的條款，自殺

1　編註：「滿嘴跑火車」指一個人口無遮攔，總是亂說話。

是不能夠獲得賠償的。

　　他的遺孀是一位 66 歲的中學教師，在保險公司拒絕賠償、丈夫喪生、銀行要帳的壓力下幾乎崩潰。希爾太太的悲慘經歷被當地電視臺和媒體報導之後，立刻成為全國性的新聞。

　　在億萬唏噓不已的觀眾中，有人透過媒體找到了希爾太太，在電話中直接問她：「現在我能為你們孤兒寡母做點什麼？」希爾太太說：「現在銀行要殺了我們，我們將要失去祖輩三代經營的農場，我們不知道該怎麼做。」

　　這個人放下電話後又立刻打給了銀行，當他談到希爾先生的農場，並且要為希爾太太償還貸款的時候，銀行員工非常不耐煩的說：「我們收錢天經地義，你管不著，哪涼快哪待著去。」這句話徹底把他激怒了，他說：「小子，你給我聽著，如果你們繼續騷擾希爾太太，那麼我就讓我的律師團起訴你們銀行謀殺希爾先生，讓你們賠償天文數字。」這個時候，銀行員工才如夢初醒的說：「還錢就好說，別把事情鬧那麼大，這點錢不算什麼。」

　　三十年後，這個人因為選舉來到南卡羅萊納州拉票。這時候下面走來一位 50 歲左右的女士，熱淚滿眶，手裡拿著這位先生和她已故母親的合影說：「我就是你拯救的希爾夫婦的孩子，我們在南卡羅萊納州可以為你做任何事情。因為你對美國人民的承諾，在三十年前就已經在我們家兌現了，

是你拯救了我們。」

　　當時現場一片安靜，很多人都默默流下淚水。一個星期後的共和黨初選，這個人贏得南卡羅萊納州全部的選票。在一個極度保守派選民占絕大多數的南方農業州，這簡直是個奇蹟。

　　不用說，聰明的你肯定猜到了，這個人就是川普。這是競選期間在美國民間流傳最為廣泛，關於川普的 5 個故事之一。聽完這個故事，相信你會和我一樣，覺得川普的張牙舞爪、滿嘴跑火車已經不是一個讓人厭惡的缺點，而是類似於俠盜羅賓漢的個性使然。

做自己、做內容、做陣地

　　這幾個關於川普的真實故事在民間廣泛流傳，一方面得益於故事本身的力量，另外一方面也得益於競選團隊的行銷傳播。**事實上，做為一個成功的商人，川普在競選初期就利用天才般的商業嗅覺，從戰略高度制定了多快好省[2]的競選原則，那就是三個「做」——「做自己」、「做內容」、「做陣地」。**

　　做自己：透過打造魅力人格體，把自己與那些一本正經的政治精英區別開來；做內容：透過內容行銷獲得最大程度

2　編註：「多快好省」即「數量多、速度快、品質好、成本省」的縮寫。

的關注；做陣地：透過社群媒體帳戶矩陣具有的天然擴散性，把自己的觀點傳播出去。

在做自己的定位指引下，川普的一言一行都展現出與眾不同的風格和個性。比如川普參選前，在 YouTube、Vine 等社群媒體上不定期的上傳影片，對各個領域的問題發表看法，這些影片看起來都像是即興而作，沒有燈光，也沒有正襟危坐，只有川普隨意的坐在桌子後面，衝著鏡頭發表自己的觀點。

在參選後，他每天都會發數則推文，大談他對移民、槍枝管控、女性問題的看法，儘管他會出現拼寫錯誤，卻顯得更真實。而「真實」恰恰是政客所缺少的品質，就像 2016 年奧運泳將傅園慧的爆紅一樣，他們的真實是一本正經和道貌岸然的土石流中的清泉。

在做內容的策略指引下，他故意使用挑釁性語言和爭議性話題製造新聞。比如透過利用美國底層民眾對民主黨執政期間若干政策（如醫保與移民）的不滿，基於網友情感精心設計每一個競選話題，宣導把工廠搬回美國、緊縮移民政策、貿易保護、外交孤立，甚至誇大經濟全球化為美國經濟帶來的損害，直擊美國底層民眾的內心。

做為一個成功的商人，他能夠非常獨到的洞察和利用網友的情緒。他知道主導網路話題的最好方式不是告知資訊，而是挑起怒氣，挑起事端。在大選中，他一再利用社群媒體

發布低俗、挑釁，甚至激起眾怒的內容，或者是沒有證據的猜測，或者是有爭議的主張，目的就是追求最大曝光率，吸引偏激或社會中被邊緣化的支持者。

　　他不惜透過誇張的動作、表情包、秀恩愛的鏡頭引起網友的興趣，尤其是在 Instagram 上發布 15 秒鐘的「精剪」廣告。這些廣告大多是將對手的話斷章取義，配上令人毛骨悚然的背景音樂來嘲笑對手。例如在攻擊黨內對手、前總統老布希的次子傑布・布希的時候，影片中出現了布希夫人芭芭拉，並透過剪接手法讓她說出「已經有太多布希了」。言外之意，不需要另外一個布希參選。

　　他也用同樣具有攻擊性的廣告攻擊過希拉蕊，在短短 15 秒鐘的影片中出現了俄羅斯總統普丁、宗教極端主義組織，以及一些女性對柯林頓的控訴，還有抓狂的希拉蕊。言外之意，在美國最危險的對手面前，希拉蕊就是一個笑話。

　　他喜歡重複使用簡單的詞彙或短語。在他最常使用的 13 個單字中，有 8 個是單音節或簡單的雙音節詞，如 China 和 money。他在總統競選演講和辯論中，使用的詞彙相當於小學四年級的水準，是所有候選人中最簡單直白和容易理解的。這樣一套說話邏輯和風格，再加上其口號式的政治觀點表達、講故事式的意見闡述方式、具有代表性的表情，每一點都迎合了對一本正經的政治話語體系感到厭惡的草根階層胃口。

　　做陣地也是他擅長的。川普玩社群媒體很嫻熟，不論 Facebook、Instagram、推特、YouTube、Vine、Periscope（串流媒體直播 App），一樣不落。在大選最膠著的日子裡，川普幾乎每天都要刷推特，平均每月發 371.6 條推文，平均每日 12 條，是推特上活躍用戶平均發文數的 3 倍。

　　在 Instagram 上，每天競選團隊的新媒體部門負責將川普的電視畫面進行再編輯，然後發到上面，大都是川普飆金句的鏡頭。他還在直播網站 Periscope 上開放川普問答（Q&A Trump）節目，用短片一一回答選民的提問。由於傳播廣泛，這些內容往往很快成為主流媒體關注的焦點。競選後期，川普團隊還在 Facebook 上搞起直播，從 2016 年 10 月 24 日開始直到大選日當天兩週的時間，每天都會在美國東部時間晚上 6:30 準時開播，效果明顯。

內容行銷思維的勝利

　　根據線上媒體追蹤雜誌《廷德爾報告》(*Tyndall Report*) 對 ABC、CBS 和 NBC 三大主流電視臺節目播出時間的分析，2016 年大選在三大電視臺的播出時間為 857 分鐘，其中川普的曝光時間達到 234 分鐘，比整個民主黨的曝光時間都長，他的終極對手希拉蕊僅獲得 113 分鐘的曝光時間。

　　據統計，僅 2016 年，川普獲得的免費電視廣告就已經達到 44 億美元，相當於 2016 年美國總統大選其他候選人

在電視廣告上的總支出。他付費的電視廣告，僅占傑布‧布希電視廣告支出的 1%。川普平均每獲得一票，在電視廣告上的支出僅為其他候選人的一半（2 美元）。當媒體問川普的顧問是否會購買傳統媒體廣告時，他們如此回答：「我們已經有了這麼多免費廣告，幹嘛還要花這個錢呢？」

其實，筆者並不是一個對政治很有興趣的人，但是做為一個專注行銷之人，我卻不得不對美國總統選舉表示關注，不是為了談資，而是把整個選舉做為研究對象。因為放眼全球，沒有比美國總統選舉規模更大、持續時間更長、競爭更自由又非常激烈的行銷活動了，哪怕是四年一屆的奧運。

很多人把總統選舉稱為政治行銷，李光斗先生曾經在歐巴馬當選之後，寫了《總統戰：歐巴馬的政治行銷》一書。筆者個人非常同意這樣的劃分和界定。事實上，無論是政治行銷、經濟行銷、農業行銷還是軍事行銷，不管怎麼分，變化的只是形式，行銷思維的本質和邏輯是一致的。

從歐巴馬到川普，美國總統的競選總是驚喜和意外不斷，歐巴馬也曾經被認為是首位網路總統，就像川普被別人封為首位推特總統一樣。但是筆者認為，這些說法都沒有觸及本質。本質到底是什麼？從行銷的角度看，筆者更願意把他們的勝利視為內容行銷思維對陣傳統行銷思維的勝利。

川普的勝利幾乎完美闡釋了內容行銷從戰略到執行的過程，闡釋了持續內容規劃和經營的重要性，闡釋了魅力人格

體打造的重要性，闡釋了「有意思才有意義」的內容行銷真
諦。至於他的團隊對社群媒體的嫺熟營運，則反映了他們在
內容營運方面的功力。

▌ 80 萬藍 V 總教頭是如何煉成的？

　　杜蕾斯（Durex）成為一個高曝光度的品牌，不是因為
它占據了每個便利店收銀臺邊最顯眼的位置，而是因為一直
以來它在微博上的搶眼表現。杜蕾斯的微博營運團隊，透過
熱點借勢、花邊話題設計，在短短的幾年內，把微博營運玩
到了別人只能望其項背的地步。

　　但是，在大部分人高山仰止的時候，老牌家電企業海爾
透過另類的互動方式，成為大眾眼中的「80 萬藍 V [3] 總教
頭」，把微博行銷玩出了新高度。

　　海爾官方微博營運團隊隸屬於海爾新媒體實驗室，這個
實驗室位於青島一所面朝大海的老式別墅內。2016 年 9 月
12 日下午，秋高氣爽、陽光明媚，海爾新媒體實驗室負責
人沈方俊先生向筆者分享了三個故事。[4]

3　編註：「藍V」即是經微博認證的機構，政府、媒體、企業、網站、
　　App 等官方帳號都能申請。
4　作者註：以下三個故事整理自 2016 年 9 月 12 日沈方俊先生口述。

「給朕打入冷宮」

2016 年 1 月，故宮淘寶的粉絲提意見說：「你們能不能出一款冰箱叫『冷宮』，這樣我吃的剩飯剩菜都可以說『給朕打入冷宮』。」實際上，這只是一個有趣的建議。

故宮淘寶轉發分享之後說：「這都是一些什麼人啊。」結果沒想到這條微博紅了，很多網友都覺得這個創意不錯，因為前兩年的宮鬥劇特別紅，年輕人說話都「陰陽怪氣」的。其中有一位粉絲標記海爾，說：「海爾，你們可以出一款這樣的冷宮冰箱嗎？」

於是，海爾官方微博在第一時間分享了他的這條微博，並回覆說：「容我考慮考慮。」很多網友覺得不可思議，印象中一個冷冰冰的官方微博，竟然回覆了自己，還真的考慮了！實際上，我們經常跟粉絲這麼互動。

這些熱情的粉絲標記美的、格力、西門子等，它們都沒有回覆。大企業很難回覆，主要有下面一些原因。

第一，企業新媒體基本屬於企業的公關、品牌或行銷部門，很少有企業新媒體是敢真正自主決策的。

第二，在工業製造企業裡，研發一款新產品有一套制式化的流程。要立專案，然後評估這個產品，提出一些功能點，看看有沒有競品，以及制定定價策略，預估大概能賣多少臺，超過 10 萬臺才敢開模生產。

在產品研發過程中，很多公司還習慣透過協力廠商做用

戶調查。但是實際上，現在用戶互動和回饋的管道很多，而且處於自發的狀態，透過微博、微信或者論壇的牢騷回饋才最真實，也最應該得到重視。所以，海爾新媒體認為，像用戶對冷宮冰箱這樣的需求是非常寶貴的，我們要保護這種主動性。於是，我們回覆了他，並且傳達出這樣的資訊：我們不僅回覆了你，還會認真考慮是否把它做出來。

我們沒想到，當天晚上這條微博就爆炸了，有七萬多條私訊、回覆、按讚等。我們篩選出五千多條非常有價值的產品改良意見。同時，我們聯合了一些數據機構，理出了整體用戶的大數據，包括年齡層、用戶層次、大致的購買力，以及用戶對這個產品的預期，有半本書那麼厚。

當天晚上，我們打電話給海爾冰箱製造部門的總經理，我說：「海爾官方微博上有七萬用戶想要一臺冷宮冰箱，目前市面上沒有。我也知道在我們這樣的大企業裡，開發這個新產品的費用可能要數百萬人民幣，但它是用戶的真實需求。如果你們能做，我盡快回覆用戶我們可以做，如果你們不能做，我就去找別的廠家做。」

結果，總經理回覆我說：「沈總，你給我們一個小時，我們開個會討論。」一個小時後，他打電話給我說：「請新媒體的同事放心，立刻回覆用戶我們可以做。」於是在24小時之內，我們就把這款冰箱的工業設計圖上網。

七天之內，我們收到了一千多位網友給我們的回饋意

見，包括冰箱的設計結構，真像冷宮一樣；窗戶是宮廷樣式的，是可以被點亮的，是可以顯示溫度的……這些概念我們的工程師都沒有想到。但這是網友們的意見，能不能實現？必須能。

七天之內，我們透過3D列印技術[5]把這臺冰箱送到這位用戶面前。

「咕咚手持洗衣機」

有些用戶在後臺留言說：「有時候出差，衣服也要洗，但不太方便，是否能生產一款便攜的洗衣機？」於是，海爾亞洲團隊接到這個用戶需求，就把他的概念晒到了網上。海爾研發了一款便攜的洗衣機──「採用3節7號電池[6]，每秒鐘超過100次的拍打，極速洗淨你身上的汗漬，哪裡髒了點哪裡。」

沒想到，這條微博發出去之後，有四萬多次轉發分享，六千多條評論。我們懷疑，是否因為某個偶然的事件造成了這條微博的火爆，而並非大家真的關注這個產品。於是，我們分析了用戶大數據，結果發現在地域分布上，四川、重慶、湖南是地域需求前三名，因為這幾個地方的人最喜歡吃火鍋，吃火鍋的油很容易濺到身上。所以，我們判斷它可能

5　作者註：快速成型技術的一種，透過逐層列印的方式來建構物體。
6　編註：即AAA電池，在臺灣稱為「4號電池」。

真的很可靠，真的是基於使用上的需求。

我們找到海爾亞洲團隊說：「這款洗衣機海爾新媒體幫你們做行銷。」因為雖然同在一個集團，但我們完全是市場化的關係，他們是海爾的子公司，是創業團隊，我們也是。這款產品他們交給我們，就像甲方和乙方一樣，我們幫他們做行銷，不收一分錢，但是如果銷量達到 10 萬臺，他們要分我們一半的利潤。

另外，我們還提了一個條件，就是所有產品的形狀、外形、顏色，要由海爾新媒體來決定。實際上我們並不是想自己決定，而是希望和用戶一起決定。我們在微博上做了「我畫個洗衣機」的遊戲，收到了將近 3,000 幅作品，其中有100 幅是非常專業的，能不能實現呢？工程師說能。

那麼，它應該叫什麼名字呢？我們覺得名字應該由網友決定，於是在微博上發起了投票和留言互動，包括「工藤新一」、「微洗」等一堆年輕人喜歡的名字都被叫了出來。其中，「咕咚手持洗衣機」的名字得票數最高。取這個名字的人說：「如果你們不叫咕咚手持洗衣機，海爾的產品我再也不買了。」很任性，按讚量最高，我們就選擇了這個名字。這臺洗衣機應該是什麼顏色呢？在製造業裡，通常顏色會有標準的定義，藍色是什麼樣的藍，黃色是什麼樣的黃。但是，我們覺得像咕咚手持洗衣機這樣一款眾創的產品，不應該限定它。於是，我們打破海爾集團的顏色設計語言，比如

活力橙、珊瑚粉、鈦金灰等，完全由網友訂製，讓網友調色。還有它的包裝應該是什麼樣的，它應該有什麼樣的周邊等，所有這些都是網友一步一步在微博上「生產」出來的。

在這款產品生產、行銷的過程中，其實我們並沒有行銷，只是不斷的讓網友參與，把它做出來。這款產品倒數計時 15 天時，我們開放預約，當天預約量突破 40 萬臺，半年之內這款產品賣到了 20 萬臺。雖然相對於海爾的其他產品，這款產品的銷量並不是很大，因為通常海爾單一型號的產品有幾百萬的出貨量。但是，如果考慮到這些銷售沒有用到任何一家海爾實體專賣店，全是在微博上進行的，這不僅在海爾，在業內也是第一次。

「魔鏡魔鏡我美嗎？」

海爾的生態圈裡有款叫作「魔鏡」的產品。它是一面鏡子，但又不僅僅是一面鏡子，它是智慧浴室裡的一面鏡子。你可以每天早上起床的時候問：「魔鏡魔鏡我美嗎？」它可能會告訴你：「你最美。」但是也可能會告訴你：「你今天的肌膚健康狀況不理想。」同時給你一些相關的參數。它會去監測你的體重，說：「哎，你今天該體檢了。」同時，它還能識別你的家庭成員、你的好夥伴，或者遙控你家的熱水器。它是整個海爾智能生態圈裡的一款黑科技產品。

這款黑科技產品其實有一個問題，就是工程師的導向非

常明顯，因為工程師都會有自己的想法，然後他會試圖把他認為最好的、最有用的、最黑科技的元素融入這款產品。但是，這款產品是不是消費者所需要的呢？

當時正值美國國際消費電子展（CES），我們團隊接到這個行銷任務的時候思考，如果我是消費者，這款產品我會不會買？當時我們整個團隊都覺得不會買。為什麼？因為它的價格太高，要 2 萬人民幣。

有裝修經驗的人都知道，一面浴室的鏡子通常可能只有幾百或上千人民幣，兩者之間的價格實在差太多，儘管好像包含那麼多的黑科技，但這些真的是消費者需要的嗎？或者它真的值得花這麼多錢嗎？

於是，我們決定在微博上先測試一下。2016 年 1 月 7 日早晨，我們發了下面這條微博。

海爾「魔鏡」亮相 CES 微博內容

這條微博短時間內就達到了單條近兩百萬的閱讀數。當天，微博指數「魔鏡」這個關鍵字也一路走高。最重要的是，我們對七千多條有效評論進行了大數據分析，結果發現這款魔鏡真的很受大家的喜歡和期待。熱心的網友還

提出很多建議，有些甚至連魔鏡的研發團隊也沒有想過，比如這面魔鏡是全觸控式螢幕的，但是對一般用戶而言並不需要觸摸到鏡子的最上方。所以，我們就跟工程師建議，能不能在魔鏡中下部分做觸控式螢幕，最上方就不需要，這樣也可以有效降低成本。

我們的數據實驗室同時對消費者做了情緒上的劃分：有的人很驚訝，這款產品這麼棒；有的就是按讚；有的就是覺得很酷，海爾有很多很棒的黑科技產品；有的就很懷疑這款產品，比如它會不會漏水漏電，會不會洩露自己的隱私等。消費者會有各式各樣的心理。

透過給用戶畫像，我們發現廣東或經濟更為發達地區的消費者對魔鏡更感興趣，蘋果手機用戶端的族群更關注此產品，這代表想購買此產品的人具有一定的消費能力。

我們做了非常詳細的分析提交給魔鏡團隊，推翻了很多第一代產品的設想。比如價格，網友覺得魔鏡最適合的價格區間是 1,000~3,000 人民幣，於是我們建議產品定價為 1,999 人民幣。

魔鏡團隊也特別重視這個分析，同意放棄第一代魔鏡的推廣，根據消費者的回饋去做第二代。在魔鏡的二代調整產品出來之後，我們沒有馬上銷售，而是舉辦了試用活動。

為什麼要讓消費者試用？因為我們看到愈來愈多的人認為體驗優先於產品，很多消費者很想有機會去體驗一些新奇

的東西，但是不一定願意買下來，可能是價格原因，也可能有其他考慮，但是內心仍然有體驗它的衝動。

我們也希望用戶能從這樣的體驗中，發現一些我們沒有發現的問題，相當於請用戶來做免費測評。因為大家不會記得一個沒有任何問題的體驗，就好像你不會記得自己每天在做的事情，但是你可能會記得一些很難忘的事，可能會記得從失敗的體驗慢慢變好的過程。

經過微博上的幾輪甄選，這款產品被送到了五湖四海不同城市、不同年齡層、不同階層的消費者手中。果然，用戶提出了很多建議和意見，我們也在隨後的產品測試中做了調整。最後，我們還登上了京東群眾募資，並且取得了良好的效果。

斜陽脈脈，透過玻璃窗的陽光把對面這張年輕的臉照得熠熠生輝。沈方俊先生補充說：「部分媒體報導相關事件時解讀說，在企業行銷裡，它是一小步，但是放在整個工業4.0背景下，放到中國製造業追趕甚至趕超國際的過程中，它是里程碑式的。以前企業告訴消費者，無論你要什麼顏色的車，我永遠只有黑色的。但是海爾告訴用戶，現在有一款App叫作『海爾定制』，在這個App裡，你可以自主下單。比如你跟你伴侶的結婚紀念日，或者你覺得大學畢業很值得紀念，訂製了一款海爾冰箱，照片透過App發送過來，然後選擇技術參數。海爾有九大無人工廠，裡面全是機器人，

每一個機器人頭上都有一個感測器。你訂製的冰箱到了哪一步，透過這個 App，機器人的感測器即時回饋給你，是在噴砂，還是在組裝，還是到物流的哪一步。」

看上去「不務正業」的海爾，以下三種內容思維值得我們學習。

● 組織媒介化

新媒體時代，一個人的影響力常常會大於一家傳統的報紙，企業想發聲，需要先讓自己具備「媒體公司」的屬性。

早在 2014 年 1 月，海爾就公開宣布：今後不再向雜誌投放傳統形式的廣告。傳統媒體逐漸衰落是整個行業的趨勢。而對海爾來說，這是企業走向媒介化的第一步。

截至 2015 年年底，海爾集團以「海爾」為中心，旗下一共建立了 179 個微博帳號和 286 個微信公眾帳號（資料來自新榜），形成了一個龐大的新媒體矩陣。當然，這裡不是說這個矩陣很大就很了不起，如果依然是簡單的內容發布、用戶接收，那麼跟傳統媒體又有什麼區別呢？

在營運風格上，海爾一直在努力塑造自己的「獨立人格」，時刻跟粉絲進行有趣的互動。比如海爾集團的官方帳號從來不說產品，而是天天給讀者講故事，主要維護者是一位叫「張伊」的女孩。你可以看到，很多粉絲留言都是與張伊個人的對話，非常親密。

　　2015 年年底，海爾訂閱號發布了一條消息，宣布向全世界開放廣告位，並且成立了海爾新媒體——自己的廣告公司，全面幫助海爾生態圈內外的企業做社會化行銷，東風汽車成為首位投放廣告主。

　　看起來「不務正業」，實際上，這反而給海爾的跨界合作提供了各種可能性，透過各種符合海爾調性的品牌，來宣揚自己「智慧生活品質」的產品理念。不得不說，與那些每天在微信、微博上替自己打廣告的企業相比，海爾的新媒體思路是極其開放的。

● 行銷內容化

　　在過去數十年中，全球各類企業有意識的行銷活動大多遵循經典的行銷理論框架。這個框架無論是 4P（由產品、價格、管道、促銷組成的行銷策略）、4C（由顧客需求、成本、便利性、溝通組成的行銷策略）還是在此基礎上的擴展，諸如產品的研發和生產、管道的確立、定價體系、產品和公司品牌的推廣等模組，要麼模組之間的關聯不夠緊密，要麼這些模組和消費者之間的關聯不夠緊密。

　　在傳統行銷過程中，產品的研發和生產大多是企業的商業機密。像海爾這樣，根據用戶意見來集中研發和生產產品，把產品的定價權也交給用戶，用戶直接透過電商購買，並且不需要為新產品的推廣支付額外的費用，還能得到用戶

的喜愛，這樣的行銷方式從多個層面打破了傳統行銷理論的框架和做法。如果一定要用某個詞彙去定義這種行銷方式，筆者認為只有「內容行銷」比較合適。

因為在這個過程中，產品的設計、研發、生產、定價、推廣等，都以內容的形式在自己的官方微博推播，並且以內容的形式持續引發用戶的參與和擴散。這些內容不僅成為完成行銷功能的介質和通道，而且成為品牌推廣的有效資產。相對於傳統行銷中的廣告等推廣形式來說，這種內容形式的成本低、內容多、持續的長尾效果也更好。

● **內容情趣化**

當然，海爾的內容行銷並沒有完全滿足於這種簡單行銷基礎功能的發揮，還結合網友和用戶的特性，以及網路使用者對於內容的偏好，把內容「情趣化」。

海爾新媒體營運背後的邏輯是：與用戶培養感情，建立人與人之間的情感共鳴，那些核心用戶自然願意跟你合夥，甚至參與產品設計。

根據這個思路，海爾確定了其官方微信的功能：這裡有最好的作者、最好的故事、最有趣的海爾人，以及最尖端的創業平臺；這裡是最有趣的公眾帳號；這裡不生產冰箱、空調、洗衣機，這裡有的是我們要給你的陪伴感。

海爾的微博以講故事、與用戶互動為主，趣味百科為

輔，具體內容你可以去爬一爬。再看看微博上，海爾的一個重要任務就是幫粉絲標記微博大號[7]，或向自己的偶像表白，貼心得一塌糊塗。

2014 年，海爾搞了一個「海爾兄弟」新形象徵集大賽，邀請網友們創作並上傳自己設計的海爾兄弟新形象。不出意料，這個活動很快被引爆，這對曾經可愛的兄弟也被「邪惡」的網友們「徹底玩壞了」。

「海爾兄弟」的微信和微博帳號，也是人格化的可愛、呆萌的網紅形象，各種表情包、逗趣故事、有意思的周邊、動漫作品等。當然免不了之後還會從大 IP 層面衍生新的故事，形成一個泛科幻 IP 生態圈。

7　編註：「大號」是粉絲數極多的帳號。

1

每個企業
都將是一個媒體

○

曾經，但凡稱得上偉大的企業都具有媒體的特性，比如蘋果、香奈兒，甚
至中國的同仁堂。而現在乃至未來，一家企業如果要成長，一個品牌如果
要長久，必須先把自己變成媒體。透過形形色色的內容去傳播發生在企業
內外部林林總總的故事，在獲得關注的同時，與消費者和客戶建立持久的
信任關係。

●

▌紅牛的內容工作室 10 歲了

跑酷、跳傘、滑板、飄移、衝浪、自由式登山車……這些又酷又潮又充滿冒險精神的運動，向來受到紅牛（Red Bull）品牌的偏愛。然而最酷的是，紅牛竟以此為契機，打造出了一個十分厲害的「媒體帝國」。

2011 年，紅牛已經占據功能飲料市場 44%，年銷量達 46 億罐，其中 18~35 歲的男性為紅牛最大的消費族群。紅牛創辦人迪特里希・馬特希茨（Dietrich Mateschitz）創造了一種充滿能量和激情的生活方式，為了推廣這種生活方式，紅牛建立了媒體工作室——這也是紅牛所有內容行銷活動的重要產出地。

2012 年 10 月 14 日，當奧地利跳傘運動員菲利克斯・保加拿（Felix Baumgartner）為了挑戰超音速，從天空邊際驚險一跳的時候，他使用的熱氣球、降落傘包、座艙印滿了醒目的紅牛標誌。

由於這一跳太驚人，又具有極強的觀賞性，於是在 YouTube 上的同步直播吸引了 800 萬人觀看，幾乎是 2012 年夏季奧運會期間 YouTube 觀眾最大值的 16 倍。紅牛的這段影片被《廣告時代》（Advertising Age）選為年度十大病毒影片，就連《富比士》（Forbes）都撰文稱：「這是紅牛有史以來做過最好的一次行銷活動，而且很有可能是有史以來最

好的一次。」

最難得的是,在這個名為「紅牛平流層計畫」(Red Bull Stratos)的專案裡,紅牛不僅扮演了贊助商的角色,還是內容製作方。

2007 年,紅牛投資成立了紅牛媒體工作室。這個工作室不僅有自己的雜誌、網站、電臺和電視臺,甚至還擁有自己的電影製作公司和唱片公司。它的員工中有作家、運動員、編輯、導演和自由撰稿人等來自各行各業的專業人士,員工人數為 135 人。

事實上,它並不是先有媒體再生產內容的。奧地利商人馬特希茨早在 1987 年創業後就開始資助極限運動,並堅持將其所舉辦的任何活動都拍成影像或照片。

當這些內容被源源不斷的生產、積累下來,紅牛發現,不應該就此沉睡,而應該努力透過多種網路平臺、協力廠商媒體,以及自己的頻道,將內容傳播出去,來爭取更多的核心消費者和更廣泛的主流媒體用戶。同時,也為了便於這些媒體在內容收集、製作和流通上更有規範,於是成立了紅牛媒體工作室,從此真正踏上了「極限內容行銷」之路。

由於常年贊助或籌辦運動賽事、極限賽事,並與近 500 位體育明星簽約,紅牛媒體工作室的內容庫裡儲存了大量有趣的圖片、影片和文字內容。每年紅牛都會在網路上免費發布大約 5,000 部影片和 50,000 幅圖片,這些內容也會在微軟

全國廣播公司節目（MSNBC）、娛樂與體育節目電視網
（ESPN）等體育電視臺播出。

　　馬特希茨坦言：「紅牛媒體工作室的成立，並不意味著
紅牛想從飲料業轉向媒體業，我們所做的這一切，都只是為
了提高紅牛品牌的價值與形象，傳達紅牛健康的能量生活方
式。」

▌埃森哲在全球有 6 個內容工作室

　　埃森哲（Accenture）是全球知名的管理顧問公司，主要
為企業提供戰略解決方案，包括企業戰略、行銷策略、數位
化業務、科技手段和營運建議等。為了整合公司的客戶和業
務資源，同時也為了迎合客戶不滿足於單純解決方案的需
求，2013 年埃森哲成立了埃森哲數位代理機構，為客戶提
供一站式數位行銷的創意和媒介購買等服務。

　　當內容行銷的趨勢開始出現時，做為提供先進行銷解決
方案的諮詢公司，埃森哲一方面為了說服客戶，另一方面也
是為了洞見未來，**啟動了名為「內容：行銷的生命之水」**
（Content: H$_2$O of Marketing）的研究，調查超過 1,000 位
來自 17 個國家和 14 個行業領域的內容行銷專家，全方位
的了解他們對數位內容行銷領域的態度和看法。結果顯示，
儘管存在製作週期過長、傳播範圍受限和效果凸顯慢等問
題，但是專家們一致認同，內容行銷將會成為企業最需要關

注的行銷手段。

雖然趨勢明瞭,並且埃森哲本身的數位代理業務發展迅猛,但要在短短幾年內發展為成長最快的數位行銷公司之一,也不是一件容易的事。

2016 年 6 月 29 日,埃森哲的第一個內容工作室在紐約 SOHO 廣場揭幕,占地面積為 10,000 平方公尺。2016 年 12 月 2 日,埃森哲在香港成立亞太區的第一個內容工作室,占地面積為 3,700 平方公尺。

據說,在未來的兩年裡,埃森哲會在全球多地開設 6 家(或更多)更本土化的內容工作室。

埃森哲互動(Accenture Interactive)內容服務專案管理總監唐娜・圖斯(Donna Tuths)說:「時至今日,透過日新月異的、全方位的、多管道的傳播,內容行銷已經成為一個企業傳播品牌最有效的傳播手段。」「我們的客戶透過各管道的內容訂製與發布,以此保證他們在行業中的競爭力,同時我們全新的內容工作室,能夠給那些在內容行銷上遭遇到困難的企業或品牌,提供最頂尖的內容創意和傳播方式。」

這些工作室其實並不是我們所理解單純的內容工作室,而是埃森哲的全球創新和創意中心,集合了埃森哲的研究部、創新投資、技術研究院、工作室、創新中心和服務執行中心等功能,希望能夠為客戶提供全方位的、顛覆性的解決方案。

埃森哲內容工作室具體的工作任務包括以下內容：

1. 幫助客戶創制影片內容，並建立與其受眾的互動，讓影片內容推動企業發展。
2. 與各類科技企業合作，共同開發行業中最為尖端的影片製作技術。
3. 根據不同的客戶群體，深入制定其內容行銷策略和執行方案。
4. 開拓尖端技術在內容行銷上的應用，比如雲端運算、3D 人體掃描技術等。
5. 在全球進行內容行銷管理，最佳化內容生產的速度、成本和品質。

樂高：最會做玩具的媒體

每個成年人心裡，都藏著一個童心未泯的孩子。

一開始，樂高只是兒童世界的樂趣。從 1934 年奧勒・基奧克・克里斯第森（Ole Kirk Christiansen）發明第一塊積木，到之後其漫長的發展過程中，樂高為各個年齡層的兒童開發了不同規格的玩具。

不過如今，它已經成了全球著名的大人玩具製造商之一，很多人買樂高，可不光是為了給家裡的小朋友玩。

據說，現在圈內炙手可熱的自媒體平臺「餐飲老闆內參」，每年會召開幾個非常昂貴的培訓班，昂貴到 3 天的課

程能賣 12 萬人民幣，參加培訓班的學員自然也都是一些不缺錢並見過大世面的老闆。培訓班會在學員報到的當晚吃完飯後舉行破冰儀式，而儀式通常是由樂高中國的經驗長利用樂高玩具所設計的。也就是在這些遊戲中，那些世故、精明或總是高高在上的大老闆，開始放下戒備、丟掉城府、放空自我，變成對世界充滿好奇和純真的大孩子。嬉鬧過程中的智慧、玩笑、爭論、合作不僅會變成寶貴的精神財富，而且在隨後的課程中，導師精心準備的課程內容也比較容易被這些老闆接受。

實際上，除了這些之外，**樂高也不斷用行動向世界證明：想像力無關年齡，每個成年人心裡，都藏著一個童心未泯的孩子。**

當然，樂高之所以有今天，前提是擁有優質的產品，但是擁有同類型產品的競爭者也很多。而樂高的行銷技巧，是品牌取得成功的撒手鐧。

任何品牌創造內容的背後，都需要一個強大的理念去占領人們的心智。小米的「為發燒而生」和雷軍的人格魅力，讓追隨者產生共鳴；多芬（Dove）向人們傳遞著自信和希望；而樂高則一直在強調，哪怕已經成年，你依然可以施展自己的想像力。

2014 年於北美上映並成功創下五億多美元票房的《樂高玩電影》（*The Lego Movie*），一視同仁的對待消費者中的成

年人和兒童。孩子們喜歡玩具，大人們則被電影故事中傳達的「想像力無關年齡」理念所感染。

因為樂高受到大人和小孩的一致歡迎，樂高也更願意透過舉辦一些比賽，讓所有用戶參與產品、內容的創作過程。這樣一方面能提升品牌知名度，另一方面也能增強產品和粉絲的黏著度。

2014 年，成千上萬位樂高玩家參加了樂高設計大賽，史蒂芬・帕克巴茲（Stephen Pakbaz）設計的「好奇號火星探測器模型」獲得了一萬多張票，最終被樂高官方選中，真的量產並上市。

還有那些癡迷於樂高的建築師、工程師，他們做為「骨灰級」玩家，可以充分發揮自己的設計靈感，用樂高積木去建造自己喜歡，並且能聞名世界的建築。

英國 BBC 電視臺著名主持人詹姆斯・梅（James May）就用 330 萬塊樂高搭建起 1：1 的積木房子，裡面有可以使用的廁所和浴室，現在就坐落在英國薩里郡（Surrey）的丹比斯酒莊（Denbies Wine Estate）。

那些長大之後的樂高迷們化身為樂高藝術家，創作出各種奇妙的藝術品。像是樂高藝術家奈森・薩瓦亞（Nathan Sawaya），他的作品《抓牢》（Grasp）中出現許多的手，代表了周圍的不理解和阻礙。

談到「借勢」，樂高也是玩具界令人難以比肩的高手，

十分懂得將自己的品牌行銷與熱門話題完美融合。2011
年，英國威廉王子與凱特王妃結婚，樂高不是簡單送上祝福
或製作一張圖片，而是不惜大費周章，用樂高積木搭出兩人
的婚禮現場來慶祝，後來凱特王妃生下小王子喬治的時候也
是如此。

2014 年，《樂高玩電影》上映之後，樂高在社群媒體上
的聲量水漲船高，如今它的 Instagram 已經積累了超過 100
萬的粉絲，推特也有近 35 萬的關注者。

2015 年，樂高繼續透過數位合作尋求突破，比如與電
影《侏羅紀世界》（*Jurassic World*）合作，推出主題式樂高玩
具與遊戲，以電影所引起的熱潮讓樂高的品牌知名度與好感
度皆快速上升。

2015 年上半年，樂高甚至將北美一部很紅的電影《格
雷的 50 道陰影》（*Fifty Shades of Grey*）的預告片，改成了樂
高版年度病毒影片，堪稱醒腦神作。

此外，樂高在社群經營上也花了不少心思。樂高點擊、
樂高私人網路一直是它與用戶溝通、互動的平臺。樂高還經
常邀請全球的俱樂部會員參加聚會，把擁有相同愛好的人聚
在一起，分享彼此的故事。

因此，與其說樂高是個玩具公司，還不如說樂高利用自
己的玩具產品傳播一種理念，在開發智慧和藝術新的可能
性，《樂高玩電影》更是把它推到了媒體的極致高度。可以

說，經歷了八十多年的風風雨雨，從誕生、成長、沒落到今天的再次崛起，組織媒介化是不可忽視的力量。

▋ 向奧斯卡進軍的萬豪酒店

以前，酒店大致只有八種接觸客戶的管道——舉辦活動、寄送郵件、發傳真、電視節目、收音機、電話、看板、雜誌和報紙。那時候，在如何吸引客戶的注意力方面，酒店之間並不存在激烈競爭。

但是，今天的情況就完全不一樣了。

得益於在行動化和內容產出方面一系列令人驚訝的成果，萬豪（Marriott）在 2015、2016 年連續兩年在 L2（奢侈品數位研究機構）出品的豪華酒店數位化 IQ 報告榜單上排名領先位置。

2014 年，萬豪酒店成立了創意和內容行銷工作室，整個組織內部的團隊是全球性的，對海外市場的品牌內容進行傳播並適度掌控，在工作室中可以透過 9 個螢幕看到萬豪旗下 19 個品牌的即時社群媒體活動資訊。該工作室甚至會使用媒體購買機構來放大即時表現良好的內容。

該工作室聘請了很多媒體人和擅長講故事的人，並把這些人變成優秀的行銷人。其中，負責內容行銷的大衛・畢比（David Beebe）之前任職於迪士尼 ABC 電視集團（Disney-ABC Television Group），對原創劇本內容有著豐富經驗。那

麼，他是如何透過內容促進行銷的呢？

事件內容行銷：尋找紅色高跟鞋

畢比說：「我們想要建立一間媒體公司，首要目標是吸引消費者。然後，讓他們與我們的品牌建立生命週期並產生價值。那麼，內容是一個很好的途徑。」

團隊將重點放在各種垂直領域去製造流行文化事件，並且在與消費者溝通時發現即時行銷機會。比如 2015 年，團隊策劃了一次事件：**一個匿名捐贈者提供 100 萬美元尋找茱蒂嘉蘭博物館（Judy Garland Museum）丟失的紅色高跟鞋。**

這聽起來有些荒謬，但團隊成員很快便決定加大推廣的籌碼，任何提供線索並找到紅色高跟鞋的人，都可以獲得百萬美元的獎勵。團隊的內容建立者迅速製作了一個告示，在時代廣場的大螢幕上循環播放。

同時團隊成員還創作了一篇文章，以內容與萬豪的旅行者們建立聯繫，發表在非常受歡迎的數位旅遊雜誌上，這樣讀者便可以在那兒找到其他三雙鞋。結果證明活動是成功的，一共吸引了約 1,050 萬名觀眾在時代廣場觀看，並且在推特上留下了 450 萬個打卡數。

很快，萬豪宣布：「我們會在倫敦、杜拜、邁阿密（為說西班牙語的人）建造酒店，所有房間將在六個月內開放。」

從事件行銷到轉化為現實，一氣呵成。

娛樂內容行銷：進軍好萊塢

一開始建立內容時，畢比和他的團隊幾乎化身為好萊塢製片人，他們需要與內容創作者合作，而不只是進行一些內部的例行工作。

很多品牌都開啟了內容行銷之路，並且希望透過內容獲得成功。它們可能會花費數百萬美元成立一個工作室，會拍電影，會做所有的事。等到這些內容變成廣告，再融入產品中。

接下來，萬豪與一系列創作者合作，在法國拍攝了一部浪漫絕倫的微電影《法蘭西之吻》（*French Kiss*），而畢比拒絕在任何細節中插入萬豪品牌。

在《兩個行李員》（*Two Bellmen*）這部微電影得到更多支持時，畢比的第一個行動仍是去掉大部分品牌鏡頭。「我們不希望看到任何類似『歡迎來到萬豪酒店，這是您的房卡』，然後有一個大大標誌特寫的影片，」他說：「這是絕對要避免的。」

目前，《兩個行李員》已經拍到第三部了，這次會在亞洲取景。

打造內容行銷團隊及文化氛圍

　　萬豪內容工作室在獲得顧客方面有快速成長，也影響了公司的內部。該團隊花了 3 個月建立一個專案來解釋萬豪內容工作室，也會聯繫顧客處理一些投訴問題。漸漸的，萬豪旗下的其他品牌也愈來愈深入參與到建立內容的過程當中。畢比說：「現在我們已經做了很多，它們也逐漸看到了內容的影響力。」

　　從另一方面來說，萬豪的目標是把所有品牌行銷人員、所有品牌領導人和團隊，都帶入內容行銷的世界，成為偉大的故事家和製片人。因為真正能抓住用戶注意力的，是你的與眾不同和給用戶帶來的長期體驗。

▍一切都是媒體，形式也是內容

　　過去，當我們談論媒體的時候，通常都指報紙、廣播、電視、社交網路等傳統媒體。但是現在一切都變了。可口可樂的瓶子、星巴克的杯子、員工的服裝、送貨的車子、產品的包裝，甚至餐飲行業的筷子和收據等，都成為品牌傳播的媒介。

　　在整合行銷傳播概念中，有一個所謂「品牌接觸點」理論，意思是指品牌與消費者維繫關係的關鍵點，包括了解、購買、使用等整個過程中的狀態，以及留給消費者的印象。在這過程中不僅要使品牌狀態自然，還要印象統一。後來，

因為企業規模和思路的變化，關於品牌接觸點的理論開始出現延伸，尤其是在廣告和流量成本愈來愈高的情況下，企業必須想好一切招數，利用一切能夠利用的介質去展現自己。

所以你會看到，可口可樂會頻繁更換自己的包裝，外賣配送人員不僅會穿著統一設計的服裝，還會統一配備精心訂製的機車。當這些外賣配送人員在熙熙攘攘的人群中穿梭時，企業的免費流動活廣告立即上線。

這兩年非常火爆的新銳網路白酒品牌「江小白」不僅有別致的瓶身設計，而且瓶子上貼的「雞湯」和「毒雞湯」語錄已經成為行銷利器，這使江小白既在形象上跟其他白酒有明顯的區別，又不斷深化品牌的核心內涵。

著名的傳播學思想家麥克魯漢（Marshall McLuhan）曾經說過：「媒體即訊息。」一開始很多人無法理解，因為媒體就是媒體，訊息就是訊息。但人們一旦領悟之後，就知道這個預言和其前瞻性洞察的可貴。

另外一位著名的媒介文化研究大師波茲曼（Neil Postman）則在著名的《娛樂至死》（Amusing Ourselves to Death）書中說：「媒體不僅是訊息，媒體還是隱喻。一種新型的媒體不僅本身代表了某種訊息，而且會因為其特有的屬性，導致或推動媒體內容出現某種新的趨勢和傾向。」他研究了電視出現之後，美國各大電視節目關於新聞和事件的報導對選舉等重大事件的影響，說明電視的出現讓傳播內容開

始有嚴重的娛樂化傾向。

　　行動網路的出現及社群媒體的發展，深深印證兩位大師深刻洞察，同時也在另一個層面改變了行銷傳播的節奏和方向。**就拿江小白來說，這種瓶身設計在引人注目的同時，也會成為消費者和旁觀者的一種態度表達，會在朋友圈形成新的傳播鏈，從而在擴大品牌知名度的同時，透過社交圈把具有共同趣味和價值觀的消費者連接起來。**

　　所以，這可能是一個最好的時代，也可能是一個最壞的時代，一切皆媒體，形式即內容。

　　網紅 papi 醬的廣告拍賣，既是 papi 醬個人價值變現的形式，也是她新成立個人品牌公司的傳播內容。2015 年，幾度在朋友圈洗版的一些 H5[1]，比如「吳亦凡入伍」、「BMW 開進朋友圈」等，之所以可以洗版，更多是因為其形式的新穎獨到。這些形式最終成為品牌調性傳播的內容。

　　說形式即內容，還有另外一層意思：本來在內容中可能沒有意義的形式或符號，在新的時代也變成了另外一種內容，這種內容不僅具有爆發力，而且能夠產生商業價值，比如 emoji。

　　所謂「emoji」就是表情符號，拼音來自於日語的「繪

1　編註：在臺灣稱為「響應式網頁設計」（Responsive Web Design），特色是網頁程式會根據使用者的裝置（電腦、手機、平板），自動以符合版面的樣式來顯示網頁內容。

文字」。而「表情包之父」是美國卡內基美隆大學（Carnegie Mellon University）教授史考特・法爾曼（Scott Fahlman），「表情包之母」則是一塊電子布告欄。

1982 年 9 月 19 日，法爾曼教授在電子布告欄上，第一次輸入「 :-) 」這樣一串字元，人類歷史上第一個電子表情符號就這樣誕生了。

2011 年，蘋果公司發布的行動作業系統 iOS，在輸入法中加入了 emoji，使這種表情符號開始廣泛傳播，被普遍應用於各種手機簡訊和社交網路中。

數據顯示，全球每天有 60 億個表情符號透過手機通訊 App 傳播。表情符號和消費者的關係更親暱，更富有表現力；也能讓談話更有情境感，更能傳達情意（比如一些說出來會令雙方都尷尬的話，透過傳遞表情符號，可以瞬間化解尷尬）。

emoji 表情圖片

2015 年，用 emoji 在推特上點餐、把 emoji 用於網路銀行密碼、將 emoji 用於書籍簡介……各種用 emoji 表情符號的行銷活動如火如荼進行中，而「表情」也入選《牛津詞典》所評選的 2015 年度詞彙。

在中國，我們熟悉的表情符

號有「暴走系列」等。各大品牌也開始量身訂做自己的表情符號。

　　GE（奇異公司）和紐約大學實驗室合作，用 emoji 做了一個有趣又益智的行銷活動「emoji Science」。在活動啟動之前，GE 號召粉絲們在 Snapchat 這個社群 App 上發送一個自己最喜歡的 emoji，GE 會用科學實驗的方式把這 emoji 演繹出來，並製成短片送給粉絲。

　　比如一個粉絲最喜歡「心碎」的 emoji，GE 就發給他這樣一個實驗：在圓柱形玻璃瓶中放入小蘇打和醋酸溶液，並在瓶口處套一個心形氣球，不停搖晃瓶身，小蘇打和醋酸溶液發生化學反應後，產生的二氧化碳愈來愈多，會使愛心氣球膨脹，最後爆炸。粉絲就這樣得到了「心碎」emoji 的實驗。此外，GE 還用 emoji 表情做了一張元素週期表，也深受歡迎。

　　GE 全球數位行銷總監萊斯特魯達表示：「Snapchat 和 emoji 是我們與年輕人對話的平臺和方式。」

▎企業變身媒體已經成為趨勢

　　關於組織媒體化的企業和案例，除了上面這些大家耳熟能詳的品牌外，其他各行各業甚至各個國家，也都有非常傑出的代表企業。因此，可以說隨著整個媒體和技術新生態的發展，組織（尤其是各大企業）媒體化的趨勢愈來愈明顯。

在未來，做得好的企業和品牌首先應是一個被認可、被傳閱的媒體。

事實上，美國一些研究內容行銷的人認為，組織媒體化早在一百多年前就已初見端倪，並舉例：1895 年，美國強鹿公司（John Deere）創辦《耕耘》（*The Furrow*）雜誌，採用 12 種語言，在四十多個國家發行，平均每月發放至一百五十多萬位農民手中，這就是組織媒體化的一個雛形。

順著這個思路，他們把隨後一些代表性企業刊物和內容出現的節點，都做為內容行銷發展的重要節點。比如 1900 年，米其林公司推出《米其林指南》，該雜誌將近 400 頁，可以協助駕駛員正確保養車輛及找尋舒適的住所。

1904 年，傑樂（Jell-O）公司免費發行的食譜，為其貢獻超過 100 萬美元的營業額。

1930 年代，寶僑（P&G）公司進軍廣播連續劇，推出了多姿香皂和奧克多洗衣粉。因此，這類廣播連續劇被稱為「肥皂劇」。

1982 年，孩之寶（Hasbro）與漫威漫畫（Marvel）合作創辦了特種部隊（G.I. JOE）連環漫畫，引領了玩具市場的行銷革命。

1987 年，樂高創辦了《積木狂熱》（*Brick Kicks*）雜誌。現在，該雜誌是樂高俱樂部雜誌。

實際上，如果放棄學術性的考據，組織真正進入媒體化

（尤其是企業媒體化）應該是近十年的事。

2007 年，美國的 Blendtec 公司開始上傳「它會被榨乾嗎？」系列影片的第一部，象徵現代企業於內容行銷上正式踏出第一步。也正是靠這一系列影片，該公司成為網友熱捧的品牌，知名度和銷量也大幅提升。後來，這間公司幾乎以每週一次的頻率發布各種產品被攪成碎屑的影片。

也正是在 2007 年，紅牛成立媒體工作室，此後各種類型的企業媒體工作室相繼成立。直到 2012 年，可口可樂發布震撼全球的「內容行銷 2020 戰略」，正式宣布在行銷和廣告投放理念上進行戰略轉型，同時全面改版世界各地的官方網站和傳播內容，使可口可樂從原來的產品型公司，更加快速朝內容型公司轉變。

愛迪達 2015 年開始專心打造自己的「GAME PLAN A」（運動 A 計畫）內容平臺。2017 年 3 月，其全球執行長在接受媒體採訪時表示，愛迪達將停止電視廣告的投放。

▌在知乎，已經沒有社會化團隊了

2016 年，知乎市場團隊的主管魏穎對外透露了這樣一個訊息：「所謂社會化行銷，看的不是傳播平臺，而是傳播方式，是不是以人與人之間的社交關係做傳播。在 SNS（社群網站）上買號、買位置，如朋友圈廣告，如果後期沒有漣漪式傳播的話，那並不是真正的社會化行銷。後來，我們這

個團隊也就改名了，其實就是做內容，做各種可以『以人為傳播媒介』的內容。」

做為一個以知識為切入點的社群分享平臺，知乎從頭到尾一直貫徹內容行銷的理念，不僅展現在它的社群平臺上，也展現在內容的市場推廣上。我們經常說：「廣告即內容，內容即廣告」，其實，知乎就是一個活生生的內容行銷範本。

2015 年 3 月 19 日，知乎在自己的日報平臺上推出了廣告合作單元「這裡是廣告」。第一篇文章是〈這裡是廣告‧我們來聊聊你這輩子用過的那些電腦〉，文風隨意，毫無違和感。知友們一邊盤點著自己用過的電腦，一邊稱讚知乎發的「良心廣告」。其實，背後的廣告主就是英特爾。

而接下來的文章〈兩個感人小故事，不同結局〉、〈送女朋友什麼禮物比較好〉，其廣告主都是英特爾。

知乎一直在做原生廣告，希望能在為用戶帶來價值的同時，也帶來好的體驗。知乎創辦人周源在 2016 年 5 月 14 日的知乎鹽俱樂部上說：「這是一個消費升級的時代，人們需要有價值的資訊來完成消費決策。」

對企業來說，想讓用戶不對自己的廣告、軟性文章產生反感，知乎原生廣告值得一看。這裡不僅是套路[2]，對用戶來說，更多的是真誠。好的廣告，不就是聯結有趣、有用、有

2　編註：指精心策劃的計畫、路數、做法。

價值的商品和服務的過程嗎？

「職人介紹所」，做最適合的內容形式

從 2016 年 1 月 25 日起，除了國定假日外，由知乎團隊製作的「職人介紹所」，每週一中午十二點會準時在騰訊視頻更新。每一期都會邀請兩到三位從事同一職業的嘉賓一起聊聊，了解各行各業的職人生活。

早在 2015 年，這個單元是以圖片故事的形式呈現的。後來，知乎發現圖片不足以傳遞職人的立體形象，於是開始做影片。據了解，這檔影片節目累計的播放次數已經突破了1,500 萬次，也是知乎內容行銷團隊一次成功的嘗試。

知乎 Live，滿足社群式情境化需求

2017 年，知乎在知乎鹽俱樂部上推出一個新的產品功能「知乎 Live」（知乎直播），在社群原有文字形式問答、專欄等基礎上，為用戶提供即時問答互動體驗。用戶可以透過文字、語音、圖片三種形式，與分享者進行溝通交流，並且是付費服務，價格由分享者來決定，沒有限制。

從本質上看，這功能相當於一個基於知識分享的付費學習型社群，一方面走商業化之路，另一方面也彌補了知乎行動端即時互動情境的空缺。對企業來說，社群的玩法會愈來愈多，企業價值輸出平臺除了單向的文字、圖片之外，還應

該考慮如何製造更好的情境跟用戶即時溝通——用社群、直播或者別的形式。

另外，知乎做的品牌推廣專案，無論是「我的知乎 5 週年」、「值乎」的洗版遊戲，還是「向未來的自己提問」的 H5，都是基於用戶的喜愛形成傳播。

回過頭看，這些內容形式既是知乎的盈利模式，也能夠做為知乎的傳播內容，為用戶帶來真實的價值。知乎是從內容端到商業端，而更多的企業是從商業端到內容端。**歸根究柢，企業的內容能不能為用戶帶來價值，並且讓用戶買帳，形成「以人為媒介」的傳播才是關鍵。**

2

內容如何賣貨

○

內容行銷不同於傳統行銷的根本在於，內容不僅能夠提升品牌的知名度和
認知度，甚至能從情懷層面提升品牌的溢價，內容行銷的最高境界是透過
內容直接賣貨。透過內容賣貨也從根本上改變了行銷和品牌塑造的邏輯，
因為不僅銷售的管道變了，而且內容創作者的人格魅力會反向支持和烘托
品牌。

●

▌ 玩微博玩出來的野獸派花店

　　2012 年 5 月，在新浪微博舉行的一次內部沙龍上，微博營運團隊介紹了一個相對奇葩的微博帳號。說它奇葩，是因為這是個赤裸裸的賣貨帳號，其手法雖然幼稚，但是內容卻一點都不含糊，也沒有特別的行銷推廣，純粹靠口碑和微博粉絲的自我積累，在幾個月內迅速吸引粉絲。這個帳號就是野獸派花店（以下簡稱「野獸派」）。

　　微博營運團隊具有上帝視角，因為他們掌握了不為人知的後臺大數據，將大數據集合成各種絢麗的圖形展示，讓野獸派迅速捕獲筆者及在場許多人，都成為其新粉絲。

　　當時，野獸派也不過營運了半年左右。做為一個實實在在的賣貨平臺，一切看上去都很原始，它沒有在淘寶等其他平臺設立任何店鋪，只在微博經營，而且沒有固定的花束樣品。如果顧客想要購買，先在微博留言，把要表達的情感和要送花的對象及可能的故事說出來，然後透過支付工具付款。這種交易流程看上去土得要掉渣了，當然，不了解的人也許會覺得它很「傲嬌」[1]。

　　可是那又怎麼樣呢？人家的產品就是很時尚，文字也很感性。

1　編註：「傲嬌」指高傲卻又嬌羞的矛盾心態。

比方說：「去 k11 野獸花園，發現睡蓮、玉蘭都開了。窗外陰雨，在沒有陽光的狹窄空間裡，它們那麼沒心沒肺的開放……三月發生了太多傷心事，剛得知喜歡的時尚作家黎堅惠過世。世事無常，我們還能站在這裡，賞花。」

在這七十多個文字中，畫面感、節奏、調性及情緒的起伏和衝突，被展現得淋漓盡致，就像一位多愁善感的文藝女青年站在面前跟你對話。

時至今日，這個在微博成長起來的花店，在網路上已經擁有自營的官方網站、天貓和京東旗艦店、微信商城等矩陣網路店，同時在上海、北京、廣州、成都、重慶等重點城市開設了實體店。這些實體店不只賣花，而是花店、家居館、服飾店、美妝店和美食店的集合，野獸派的定位也變成藝術生活綜合品牌。

其實，說起野獸派微博花店的出現，多少有點戲劇性和偶然性。創辦人相海齊最初創業時是打算開精品百貨店，但是陰差陽錯，最終因為看好的房子不能用，只好作罷。隨後，她賦閒在家，無意中擺弄工作室的插花時，一出手就玩出了自己的境界。

她把多餘的花送給自己一位朋友，也就是著名企業家郭廣昌的太太、前上海電視臺女主播王津元。對方收到花之後，被這份禮物嚇到了，說：「妳這插得什麼亂七八糟的，

也太野路子了吧？」相海齊隨口一答：「這是『野獸派』[2]。」

相海齊此前是個出色的媒體人，畢業於復旦大學新聞系，從小受過書法、畫畫的訓練，可以說是「見過大世面」的人，一開始對賣花這樣的小生意並沒太大興趣。但是，她率性隨手之作卻愈來愈受到朋友的喜愛和讚揚。於是有朋友慫恿她說，不如去微博賣花，節省開店成本，而且說不定可以做成大生意。朋友甚至幫

野獸派花店微博內容

2　編註：野獸派主義（Fauvism）是1898~1908年在法國盛行的繪畫潮流，以亨利‧馬蒂斯（Henri Matisse）為代表的一群畫家用直率又粗放的作畫方式，呈現濃烈鮮亮的顏色。

她把微博帳號都註冊好了。於是，抱著試試看的心態，相海齊跳了下去。

從第二天的微博文章中，還能看出她的忐忑和謙虛。

雖然，相海齊的人脈很廣，但是並沒有主動求轉發分享。因此，開張的前兩個月並沒有什麼大動靜。但是，她獨特的審美和文字功底，以及身為媒體人對微博廣場特性的把握，慢慢讓她找到了方向和出口——用細節成就品質，用故事講述情感。對於微博的貼圖照片，為了達到更好的呈現效果，她都會

 野獸派花店 V 🈯
2012-2-28 14:13來自微博weibo.com
完成這束"堅強的深愛"之花，忽然想，如果要贈深愛之人，會選什麼花，說什麼話，懷著什麼樣的心情？歡迎大家在評論裡，說說你的想法

☆ 收藏　　　↗ 137　　　💬 206　　　👍 4

 野獸派花店 V 🈯
2012-2-28 14:11來自微博weibo.com
顧客要求：給深邃型的女孩，她堅強、獨立、非常勤奮，偶爾有點消極；不要柔美，只要特別。。。用了高山刺槐，紫色龍膽和白色小手球，好像兩人牽手在山野裡散步，採來擺在小屋窗前。。。如此被了解，被欣賞，被包容，被想念——才是深愛。

☆ 收藏　　　↗ 800　　　💬 263　　　✉ 7

 野獸派花店 V 🈯
2012-3-28 14 26來自微博weibo.com
女兒為父親訂求婚的花——"父親和他下任太太都是第二次走進婚姻。他們經歷坎坷，理解並珍惜對方。父親希望花束表達對此心依然年輕，願未來平安健康，快樂惜緣"。。。祝福百年好合，20朵玫瑰指"我僅一顆真誠的心"，紅色白邊響金香學名"full house"（浪漫滿屋）。浪漫與年齡無關，與心有關。

☆ 收藏　　　↗ 111　　　💬 99　　　👍 2

 野獸派花店 V 🈯
2012-3-27 13 22來自微博weibo.com
順應民意，虛無婦女之花派kennis與shawn同去送，兩人一路擔心聯到收花人。結果剛進門，只見一美貌少婦歡樂招呼："啊，你們來啦！還叫來同事圍觀拍照。。。來了她開玩笑說："這花能填補我的空虛嗎？"shawn答："把你的辦公桌都填滿了"🈯

@野獸派花店
顧客為好友訂花，說：我們都是普通女人，陪著普通生活。她和先生關係很好，但微甜難逃平淡。她近遇不順利，希望有帥哥捧著一束美麗的花出現，應她驚訝。請想像一個內心有虛無感的女人，會希望看到什麼樣的帥哥。。。讓清秀的kennis和強壯的shawn換上白襯衣，滿懷鮮情春花，派誰去呢？請大家投票。

2012-3-26 11:01 來自微博weibo.com　　↗ 824　💬 1036　👍 5

☆ 收藏　　　↗ 113　　　💬 73　　　👍 2

野獸派花店展示顧客需求

請專業攝影師一遍一遍的拍攝。類似羅振宇每天早晨死磕[3]60 秒的語音，相海齊每天早晨 6 點會親自去花市採購花材，並根據客戶的需求去醞釀作品，堅持打造每一個唯一。

　　3 個月後，不一樣的花束配合充滿靈性的文字，已經可以讓一個賣貨的微博有將近千次的轉發分享和數百條的評論。6 個月後的一條微博，徹底讓野獸派紅了起來。

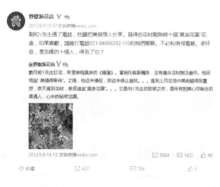

野獸派花店描述與 Y 先生的交流

2012 年 5 月 8 日，野獸派花店創辦人相海齊根據一位 Y 先生要求，按畫家莫內的名作《睡蓮》（*Water Lilies*）所創作的「莫內花園」，花盒美得令人傾倒，「它是向 Y 先生的致敬之作，是所有對美心存執念的普通人，心中的祕密花園。」其官方微博上如此寫道。這條微博被轉發分享了近 6,000 次，評論數為 1,422 個，高分享數帶來了大量的訂單。第二天，既是在顧客的請求下，也是在行銷的推動下，10 個「莫內花園」尋找合適主人的活動上線了，這作品也成為

3　編註：「死磕」原本指作對、拚命，此處引伸為堅持的意思。

野獸派的鎮店之寶。

　　從那以後，野獸派聲名鵲起，野獸派花店也成為一種現象，微博賣花成為一種潮流，各種類似的競爭對手，比如強調「一生只送一個人」的諾誓（roseonly）、魔幻主義等同行紛紛出現。在風險投資資本介入，市場競爭者找代言、買流量、衝粉絲的情況下，野獸派花店並沒有跟風，而是堅持打造產品和故事。

　　送花者與受花者之間，就如同大千世界的光怪陸離，總有道不盡的故事。野獸派花店最熱門的微博內容之一，是一位女孩送了束近乎黑白的花給前男友，為他的婚禮道賀。還有一個戲劇化的故事，訂花人表示：「當初我對她不好，希望能找到她，讓她收到花。如果不行，也是命。」懸念產生，後來一條微博揭示了結局：「找到了女主角，她收下花的時候有笑容。」

　　尋找與故事匹配的花是一個創作過程。單是玫瑰花，每個品種都有複雜的名字，每個花種的培育背後，都有一段故事。微博花店要做的事情，是從這些「花

野獸派花店展示尋找女主角的微博內容

野獸派花店 V
2012-12-19 11:05 來自微博weibo.com

這是粉紅的一周，空氣裡都是甜美的味道。野獸派Trésor 珍寵系列，新款以紫羅蘭色絲絨盒，打開蹦出粉紫繁花。。。。身邊的女人們，都號稱企盼新年桃花運，所以它的名字叫"桃花運"。英文怎麼翻，還沒想出結果。

☆ 收藏　　　　☐ 1117　　　　☐ 639　　　　👍 36

野獸派花店 V
2012-5-30 11:13 來自微博weibo.com

陰雨。新的玫瑰盒運到，淺淺灰藍色。當時選紙時，看到色卡上寫這個顏色叫angel kiss(天使之吻)，立馬說："就是她！"，並壓燙了玫瑰金色logo。。。明天發貨的伯爵玫瑰盒，將裝在天使之吻中

☆ 收藏　　　　☐ 138　　　　☐ 131　　　　👍 1

野獸派花店 V
2012-5-15 14:11 來自微博weibo.com

這束花的訂花人，寫來三頁的手寫信，講述原委。還附上一百元現金，說是請我們吃東西。。。特為去看了他圍脖，是長相討喜的男孩子。這一百元就替你存著，等你找到真正值得送花的人，再做束更美的吧！

@野獸派花店 V
男人送男人的花。訂花人說："我們通過交友軟件相識一個多月。他已有BF，所以我開始了人生新角色──小三。一直想轉正，但估計不可能。既然無法和人分享，就放手吧！請把花包得美些，他也許會拿著我送的花去約會他的BF。這是我最後的表達。"。。。猶如黑夜裡生的花朵，願不能見光的劇情徹底落幕。

2012-5-15 14:06 來自微博weibo.com　　☐ 1024　☐ 295　☐ 5

☆ 收藏　　　　☐ 335　　　　☐ 176　　　　👍 4

野獸派微博早期內容範例

語」中尋找靈感。野獸派花店曾經送出過一束咖啡色的玫瑰，那是一位妻子希望對辛苦的老公表達感激。相海齊用咖啡色表達了「苦盡甘來」的意思。

再後來，野獸派也陸續推出自己的官方網站和實體店。在官方網站和實體店除了花卉外，還有香氛、服飾配件、雜貨等，大部分商品都出自歐洲手工藝品牌。

在實體花店推出之後，相海齊請來藝術圈和設計界的朋友為花店助陣，並將他們命名為「野獸先生」或「野獸小姐」，其中有在巴黎待了11年後回到上海的色彩顧問，有在上海同濟大學擔任客座教授、為野獸派新工作室擔任室內設計的建築師，有為野獸派免費設計 Logo 和包裝紙的知名書籍設計師……這些人讓野獸派的商品在視覺上更加具有衝擊力。

野獸派成名之後，關於它的各種故事和報導也愈來愈多，儘管很多說法和名聲野獸派並不樂於接受，但是客觀來說，上也為野獸派帶來非常好的口碑和背書，尤其是一些重量級媒體的報導。比如媒體報導野獸派追求品質的故事：在進一種叫「槍炮玫瑰」的花時，相海齊堅持要63公分的品種，不要一般中國供應商會選擇的43公分的品種，兩者的價格相差一倍，「你拿到可能會覺得兩種花好像沒什麼區別，但63公分的花會更強壯，花頭也更大，開起來更飽滿。」

　　這種「自來水」（自發的、免費的「網路水軍」[4]）的傳播除了為花店帶來粉絲外，也讓各路明星深深著迷。明星們不僅在情人節秀出來自野獸派花店的花，而且開始與野獸派進行各式各樣的合作。

　　2013年母親節，明星馬伊琍率先攜手野獸派，發起母親節「永生花」[5]慈善義賣活動。最終，一款名叫「小港灣」的花盒一共賣出了429,525人民幣，這些費用全部捐給大福基金，用以資助自閉症兒童。野獸派還為這個聯合公益專案製作了影片，雖然沒有賺到錢（全部捐了），但卻進一步擴大了野獸派的影響力和知名度，預告的微博轉發分享和評論都超過5500次，可見事件熱度之高。

　　小試牛刀後，母親節與明星合作成為野獸派的一個固定節目：2014年與李湘的寶貝女兒王詩齡合作，並且獲得更高的關注，單條微博的分享次數超過1萬次；2015年與劉燁合作；2016年與人氣辣媽小S合作。

　　在得到明星的認可之後，更多一線明星開始和野獸派進行更深入的合作：2015年9月28日，黃磊和孫莉相戀20週年的派對用花都是由野獸派提供；一個星期之後，在黃曉明和楊穎（Angelababy）的「世紀婚禮」中，新郎和新娘、

4　編註：「網路水軍」指在網路上大量發文灌水，以此達到口碑行銷目標的團隊。
5　編註：「永生花」又稱作「不凋花」。

伴郎和伴娘及花童
團隊的所有用花，
也都由野獸派花店
提供。

此後，大部分
明星的婚禮用花開
始由野獸派包辦，
而且野獸派在和明
星合作互相借勢的
手法上也愈來愈純
熟多變。

2016 年七夕，
野獸派邀請林心如
到法國拍大片，請
出自己的全球花藝
總監與中國頂級攝
影師陳漫為其拍
攝。隨後的 8 月，
林心如與霍建華的
婚禮在峇里島舉
行，野獸派用了 50
人的團隊為整個婚

野獸派花店與明星合作在母親節發表的微博內容

野獸派花店發表明星婚訊內容

禮進行布置。這種明星、微博、粉絲互動、活動促銷、實體布景設計等多個元素融為一體的活動，讓野獸派的整體聲量和業務飛速發展。

▌羅輯思維：從內容電商到知識服務商

2012 年 12 月 21 日，傳說中「馬雅文明」預言的世界末日並沒有到來，倒是有個微胖男人在鏡頭前侃侃而談的影片不期而至。影片的畫面簡陋，主角的表情也略不自然，但是講

述的內容卻頭頭是道。

這影片標題叫「末日迷信向死而生」，影片中的微胖男人叫羅振宇，自稱「羅胖」。這影片和後來創立的同名微信公眾帳號都屬於羅胖自媒體「羅輯思維」旗下的系列產品。

從最初的影片脫口秀開始，到「死磕自己愉悅大家」的每天清晨 1 分鐘語音脫口秀上線，再到後期借助微信公眾帳號組建的羅輯思維江湖社群，以及基於社群的各種內容電商探索（賣月餅、賣柳桃、賣書等），簽約如日中天的吐槽自媒體人 papi 醬、發願做二十年「時間的朋友」跨年演講，再到已經落幕、轟轟烈烈的「001 號知識發布會」，羅胖不僅發布了一系列非常有爭議的觀點，同時也透過一波又一波的傳播，把羅輯思維塑造成中國最頂尖的新銳組織之一。

2015 年 10 月，羅輯思維獲得 B 輪融資，估值 13.2 億人民幣。2016 年羅輯思維「得到」App 上線，並且簽約李笑來、李翔、萬維鋼、周其仁等各個領域首屈一指的專家，開設知識服務專欄。

截至 2017 年 2 月的公開資料顯示，羅輯思維共有 529 萬個註冊用戶，每日活躍人數達到 42 萬，總訂閱份數超過 130 萬，其中單個產品的總營業額超過 2,000 萬人民幣。

羅輯思維不僅改變了羅胖的命運，改變了他很多粉絲的命運，同時也改變了一代自媒體人的命運。可以說這個因為「夜觀天象」而發布的影片，宣告了一個新時代的到來。

　　看得見的光鮮亮麗，看不見的辛苦付出。這個自媒體帝國的演變不僅是組織媒體化的典範，也是靠優質內容成名的經典案例。

動機：從資訊價值到人格價值

　　其實，羅胖並非是因為頭腦一熱就搞了個羅輯思維，他早年在央視當製片人，從央視離職後一直在做培訓、做顧問，並且經常在電視節目上當嘉賓，雖然不是大名鼎鼎，但也頗有成就。直到有一天，他突然意識到整個媒體產業鏈的關鍵價值在變化：原來的媒體關鍵價值是兩項——「內容＋管道」，而自媒體把這兩項都改變了，現在是「魅力人格體＋營運平臺」。媒體的最大價值由資訊價值轉移到人格價值。

　　這和今天的企業品牌傳播環境的變化如出一轍。以前，企業做個漂亮的廣告，寫個漂亮的新聞稿，往所謂「精準媒體」管道上一發，傳播工作就算完成大半。但今天消費者根本不吃這一套。

　　於是，大到國營企業、外商，小到個體戶[6]、雜貨店，紛紛搞起了自媒體。微博、微信寫起來，QQ 群組、微信群組建起來。但是談到「人格魅力」，就沒那麼容易了。

　　那麼，羅胖是怎麼做的呢？羅胖說他不是在做一個內容

6　編註：「個體戶」指以個人或家庭為主的經營單位。

產品，而是在打造一個清晰的人格。因此，他放棄了傳統媒體人筆耕不輟的傳統做法，而是選擇用語音、影片、活動情境等方式來塑造自己的人格，文字只是各種形式的延伸和補充，為的是跟其他平臺形成差異。比如羅輯思維一開始的「馬桶伴侶」播報，就是將一個情境真實嵌入我們的生活軌跡中。

連接：價值觀彼此認同而形成連接關係

僅僅一年，羅輯思維就坐擁百萬粉絲，市場估值 1 億人民幣；第一次 5 小時收到的會員費為 160 萬人民幣，第二次 24 小時獲得高達 800 萬人民幣。這僅僅是靠耍嘴皮子嗎？

有了前期的「魅力人格體」品牌的建設與積累，羅輯思維開始開放投稿管道，將內容「群眾外包」給聽眾，逐漸發揮自媒體的「互播式」[7] 優勢。什麼樣的磁場吸引什麼樣的人，於是，一個知識型社群開始形成。

與此同時，羅胖的脫口秀影片也穩步提升，談歷史、社會、愛情，談網路經濟。這些除了靠羅胖死磕自己、愉悅大家外，每天 60 秒雷打不動的堅持精神，更離不開羅胖深厚的內容積累與沉澱——所謂「有種、有趣、有料」。

羅胖說，做自媒體不需要定位。而羅輯思維卻恰恰是定

7　編註：「互播式」指受眾和媒體共同參與的雙向傳播。

位極為清晰的自媒體。

他的目標會員是對知識性產品有發自內心的熱愛、彼此信任、有行動意願，且能真正付諸行動的族群。

他的粉絲聚集邏輯是打造自由人自由聯合的社群。用戶被高品質的內容吸引，因價值觀彼此認同而形成連接關係。

對做內容行銷的企業人來說，弄清楚目標族群是誰、在哪裡，然後以自身人格為食材，才能做出對味的東西，吸引用戶聚集。

玩法：比好玩更好玩

案例1：13 天賣出 4 萬盒月餅

　　月餅這種商品，如今很多人已經不感興趣，一是傳統，二是已被玩爛，產品本身並不具傳播性，而且對用戶來說參與成本較高。在如此不樂觀的情況下，羅胖團隊依然能將月餅賣得風生水起，最關鍵的原因就在於，他能把一切平庸的東西都說得那麼與眾不同。

　　為了賣好月餅，羅輯思維團隊想了下面這些招數：

　　1. 推出「月餅節操榜」。節操王可以在農曆 8 月

16 日和羅胖晒月亮，根據每天不同時段的月餅銷售情況，隨時更新榜單數據。這個類似傳統遊戲排名的玩法的確吸引了很多人的關注，提升了用戶黏著度。

2. 增加連接神器「節操幣」。社群成員之間可以用這種方式彼此連接，集滿 10 張也可以召喚羅胖。

3. 在多人代付中，付款者的頭像隨機生成。在「口袋通」儲備的一百多個大頭貼中，也植入了兩個團隊成員的大頭貼，很有可能給你留言的人就擁有羅胖大頭貼，增加了彩蛋。

4. 個人化的暱稱和留言讓用戶有更多的發揮空間，提升用戶的參與感。

案例 2：1 元有獎競猜脫不花生娃

羅輯思維執行長脫不花臨盆前，羅胖突然有了一個喜大普奔[8]的主意——包下 50 套店裡的好書，與社群小夥伴們分享，猜猜脫不花家的熊孩子是男是女、體重幾何。參與成本只要 1 人民幣，最接近正確答案的 50 位競猜者，會獲得價值超過 1,415 人民幣的 50 套書籍。

　　這個案例被很多羅粉們評為「羅輯思維年度最好玩活動」，簡單有趣，參與成本又低。對羅輯思維來說，只要有超過 7 萬個粉絲參加這活動，它就能躺著賺錢，而當時羅輯思維的粉絲已有五百多萬了。

　　這遊戲最終為脫不花的小寶貝湊齊了 13 萬人民幣的禮金，真是玩著就把錢賺了。

案例 3：papi 醬處女廣告天價拍賣

　　2016 年年初，短片成為新的傳播趨勢。一個在此之前名不見經傳的吐槽達人 papi 醬，憑著熟練而幽默誇張的表演、入時的話題和不同機位有節奏的切換，在短短幾個月內收穫了數百萬粉絲。

　　這也引起了羅胖的注意。於是，他聯合真格基金同時投資 papi 醬，並且給 papi 醬估值超過 1 億人民幣。做為投資及後期變現的第一個手段，羅輯思維策劃了 papi 醬初次廣告的拍賣活動，並且將這一活動有節奏的推出：首先，透過旗下媒體放出拍賣說明會的消息，這誇張的說明超越以往任何媒體廣告拍賣的地方在於，進門需要支付 8,888 人民幣的門票；然後，在拍賣入場資格上，

　　也設置了很高的門檻，需要 100 萬人民幣的保
證金；拍賣現場採用直播方式，並且說明會對拍
賣的最終買家投入更多的資源進行推廣。這個醞
釀多時、動用很多資源，也形成很大聲量的拍賣
會，最後在爭議中結束，而 2,200 萬人民幣的拍
賣所得全部捐給 papi 醬的母校成立基金。

　　儘管成立沒幾年，但是嚴格來說，羅輯思維已經有過幾
次轉型，從簡單的自媒體帳號到內容電商，再到知識服務
商。做為自媒體，無論是發布影片、音訊或各種文字，羅輯
思維都在製造高品質的內容；做為企業，羅輯思維透過一次
次有創意的策劃來擴大自己的影響力，實現了行銷的內容
化。做為羅輯思維的鐵粉，筆者也從來沒看到羅輯思維打過
什麼廣告，全部靠自身產生的內容、爭議話題和鐵粉的口碑
來提升自己的知名度。這就是內容的力量。

▎作家馮唐也用微店賣貨

　　有留意作家馮唐微信公眾帳號的人，就會發現他有一個
小店——「不二堂」，這裡賣書、賣酒、賣茶，還有一些符

8　編註：「喜大普奔」為「喜聞樂見、大快人心、普天同慶、奔相走告」
　　的縮寫。

合馮唐個人風格的器物。不過一開始，筆者是拒絕購買任何物品的。

馮唐曾在他的微信公眾帳號上發過一段影片，談一本名為《在宇宙間不易被風吹散》的新書。書中寫道：

> 我想，再晚一點，我會停止用手錶。我會老到有一天，不需要手錶告訴我，時間是如何自己消失的，也不需要靠名牌手錶告訴周圍人我的品味、格調、富裕程度。我會根據四季裡光線的變化大致推斷，現在是幾點了，根據腸胃的叫聲決定是否該去街口的小館兒了。

用美好的事物，消磨必定留不住的時間。馮唐的確是個出色的內容創作者，這段影片一下子觸動了筆者，便毫不猶豫的買了他店裡的東西。

這本書裡談了 24 件器物，也談到他小店裡的酒和茶等，儘管沒有購買連結和明顯的商業目的，但裡面每一篇文章都可以拿來給內容電商們當範文。

很多人難以達到馮唐的文案水準，他的個人品牌之強大更是平常人難以企及。但類似的內容電商模式，很多個人和企業已經玩了很久。

內容電商簡單說，就是愈來愈多消費者開始在看直播、

看自媒體文章、看貼文的過程中購買商品。而背後的邏輯也沒那麼複雜，想詳細了解的話，可以看看李叫獸的文章〈內容電商時代，不得不了解「消費者偏好」的 4 種變化〉。

其實不只是羅輯思維和馮唐，內容創作者透過微信公眾帳號賣東西已經成為一種風氣，擁有一定粉絲數量的微信公眾帳號都想盡各種方法變現。而除了廣告和軟性文章之外，最大的變現手段就是做電商。下面再舉幾個例子，看看如何透過內容行銷去銷售產品。

案例 1：玩物志，一篇圖文介紹賣掉兩千多個包

2016 年 7 月，「玩物志」透過網站和微信公眾帳號發了一篇文章〈看到這樣的神級背包，所有的小偷都哭了〉。讓人想不到的是，這款號稱急死小偷和扒手的防盜背包，在 24 小時內銷量很快突破了 1,000 個，營業額超過 40 萬人民幣。一天之後，這款賣到斷貨的背包緊急上架了第二批，總銷量已突破 2,000 個。

這篇圖文比較長，而且中間插入了很多 GIF 動畫。如果讀者有興趣，不妨去網路搜尋閱讀。文章從通勤的擁擠、小偷的猖獗開始講起。這款

背包從看不到拉鍊的設計、刀片割不破且防水的面料，到內部合理的收納空間設計、省力的人體工學設計，以及便捷的行動電源充電接頭，都顯得很貼心。整篇文章的思路和圖文的配合也很有衝擊力。

案例 2：青山老農，內容吸附，社交轉化

將「內容吸附，社交轉化」的粉絲變現環節打通，是青山老農社群電商成功營運的奧祕。

青山老農的粉絲大多是 20~40 歲的知識女性，職業為教師、醫生、公務員、白領等。為了獲取這部分精準用戶，除了進行具針對性的內容推播之外，青山老農還曾經在 5 個月的時間內，舉辦過上百場「健康達人」社群體驗活動：去特斯拉（Tesla）、微信的開發和營運團隊、強生（Chanson）、中國中央電視臺等三百多家企業舉辦產品體驗下午茶，以吸引目標客戶。

更重要的是，每款產品的選擇都經過上萬粉絲的投票、百名「種子用戶」的親身體驗、公司專業產品團隊的調配，以凸顯「植物素生活」的健康生活主張。在內容製作上，青山老農尤其注重

消費者情境的代入。

案例 3：氧氣，用內容開出更性感的店

2014 年，一款叫「氧氣」的內衣 App 上線。氧氣不同於一般的內衣品牌，希望可以延續在街旁以「專業生產內容」（Professionally-generated Content）形式的內容生產經驗，打開內衣延伸的垂直市場。

這個小而美的創業團隊，已經擁有 30 名以上的兼職寫手。不論是文案、字體還是頁面設計，都苛求達到極致。

其中最大的亮點，就是情境化和故事化的描述，按照不同的風格分類，每項推薦還會冠以約會、假日、工作等不同主題，並附上一段特別有洞察力和畫面感的文案。用戶選擇內衣的過程，就如同在翻閱一本精美的女性雜誌，以營造的生活方式刺激讀者的購買慾。

你好少女
是該有多稀罕你，才會流露少女心
習慣在別人面前裝成熟，扮理智

> 對一切問題都釋然
> 但偶爾，我愛粉色勝過黑
> 喜歡花邊多於蕾絲
> 那是不輕易示人的少女心
> 卻總不自覺的流露給我中意的人

寶僑開始豎起內容行銷的大旗

寶僑在日用品領域有非常高的知名度，產品種類也很多，比如海倫仙度絲、飛柔、潘婷等洗護髮用品，還包括一些護膚用品、化妝品、嬰兒護理用品等。總的來說，寶僑是個非常龐大的組織。

寶僑成立於 1837 年，目前在全球約有 11 萬名員工，擁有 900 億人民幣的營業額，在巔峰時期更有 500 個品牌。但最近幾年銷售情況下滑，為了瘦身也為了讓財務報表更好看一點，寶僑賣掉了一百多個品牌。在過去幾十年甚至是一百多年的發展過程中，寶僑有很多做法都成為行銷教科書中的經典案例。比如定位理論、USP 理論（獨特的銷售主張），還有一些自創的深度分銷體系實踐等。

寶僑也是最早在中國發展的快速消費品企業。當時，寶僑徵人的要求比較高，培訓體系也比較健全，可以說中國很

多其他日用品企業或現在非常優秀的行銷人才，基本上都是
從寶僑出來的。在行銷領域，寶僑被譽為中國品牌人才的
「黃埔軍校」。在大眾傳播時代，寶僑也透過自己的摸索，在
行銷和傳播上形成了一個很厲害的套路，那就是用功能性產
品定位，加上創意主導下的廣告，再加上專家證言的公關軟
性文章。這個套路在中國盛行了幾十年。

　　大概從 2011 年開始，寶僑全球的整體業績一直下滑，
在華爾街受到很多投資人的批評，在中國也有很多負面消
息。2012 年，寶僑招募了很多管理培訓生，但是這些人後
來幾乎集體離職。在最近四年，寶僑更是換了三個銷售副總
裁──該職位基本上是華人能在寶僑擔任的最高職位。2015
年，寶僑大中華區美麗時尚事業部副總裁熊青雲高調離職加
入京東，但她在京東一年後又被調到其他崗位。

　　為什麼會這樣呢？主要有三個原因：一是寶僑的產品和
品牌在老化，我們現在使用的飛柔產品與 30 年前沒有什麼
差別，尤其是近年來的飛柔廣告及調性幾乎與 20 年前也沒
有不同；二是寶僑的產品長時間沒有變化，中產階層數量卻
不斷增加，消費的升級使很多人認為寶僑產品是媽媽時代的
產品；三是寶僑在過去幾十年裡養成的傳統套路已經非常陳
舊落伍，不能和現在的消費者互動。

　　很明顯，寶僑自己也知道這些原因，但是，跨國公司有
跨國公司的規矩。在全球，寶僑對行銷是一把抓的，就是所

謂的「總部集權」。寶僑有時也可能會請一些比較好的外包公司來諮詢。然而，這些外包公司基於一些利益考慮或專業能力上的問題，並沒有給出好的建議。再加上寶僑企業本身非常龐大，所以在思維方面會比較落伍。

總部出現問題之後，寶僑也一直試圖透過頻繁更換執行長來扭轉局面。其中有位傳奇的執行長雷富禮（A.G. Lafley）。2001 至 2009 年，他在寶僑工作了八年多，出任兩屆執行長，讓寶僑的營業額翻了一倍。他有個外號叫「併購狂人」，還曾經解聘了他自己欽定的繼任者麥睿博（Bob McDonald）。2013 年 5 月至 2015 年 11 月，他再次擔任了寶僑的執行長，這段期間他對企業進行瘦身，將寶僑五百多個品牌中的一百多個賣掉，還進行了大規模裁員，同時整合自己所請的廣告和公關行銷代理公司。

雷富禮的第三個動作，是在整個組織內部進行架構調整。2014 年，他把全公司的市場部整體撤掉，改為品牌管理部；在品牌管理部下設市場部、消費者知識公關部和設計部。他認為這樣能將品牌資源統合起來，並能提供更好的品牌和商業效果，明確責任和職能，方便更快的做對決定，為創意和執行留出更多時間。

除了組織架構和人員調整外，他還對行銷方式進行了探索。2014 年，寶僑在全球啟動了「鷹眼計畫」——其實就是我們所說的精準行銷，重點在於對巨大數據的 DSP（數

位訊號處理）廣告的投放。這方案可能在理論上是有效的，但實踐後證明並不可行。2016 年年中，雷富禮宣布放棄該計畫。因為他覺得這方案除了一些基礎數據本身可能不真實以外，施行後的效果也沒有想像中那麼好。從整個財務指標和市場方向來看，該計畫並沒有獲得良好的效果。

由於中國行動網路的發展速度快於國外，因此行銷手法和案例領先美國和歐洲其他國家。全球業績不佳給寶僑帶來很大壓力，中國區的傳播負責人開始進行一些嘗試和改變，包括以下兩方面：一是重視社群媒體，增加一些娛樂行銷、話題行銷和借勢行銷等手段；二是強化新的傳播手段，比如進行直播。

除此之外，還需要重視「90 後」客戶群體。以前寶僑品牌部和傳播部的中老年員工較多。現在不同了，因為「90後」本身就是數位原住民，且想像力比較豐富，網感較強。所以，寶僑也開始重視和招聘很多「90 後」員工，讓他們來負責社群媒體。

「消費者去哪裡，我們就跟到哪裡。」寶僑大中華區傳播與公關副總裁許有杰接受採訪的過程中，這句話出現了七次。這一直都是行銷界奉行的真理，如今它更多指向了數位管道。

雖然許有杰沒有透露寶僑在各個數位媒體管道具體的花費比例，但他在採訪中樂意談及的都是數位化行銷案例。

　　2016 年 3 月，寶僑在中國市場最大的洗髮品牌海倫仙度絲向微信朋友圈投放廣告，是寶僑旗下在朋友圈做廣告的第一個日用品牌，目標是 18 至 38 歲，在北京、上海、廣州及省會城市的年輕消費者。文案也用了年輕化的語言風格，例如「拜拜屑屑不聯絡」。

　　根據寶僑方面的說法，推播當天海倫仙度絲微信電商平臺的銷量達到平時日均銷售量的 3 倍，微信公眾帳號的粉絲翻數倍。海倫仙度絲又相繼在 10 月、11 月、12 月連續推出了 3 輪微信朋友圈廣告。

　　除了使用年輕人的語言外，海倫仙度絲在選擇代言人方面也一改過去偏愛成熟穩重代言人的風格，從梁朝偉、甄子丹到連續三年選擇彭于晏，試圖改變過去「大叔專用」的品牌定位。最後，我們看到的應該是蔡依林出演的影片廣告。

　　寶僑的另一品牌 OLAY，在選擇代言人方面也曾不斷「試錯」。2012 年，寶僑推出了針對年輕消費者的 OLAY 子品牌「花肌悅」系列。為此，寶僑放棄御用代言人林志玲，改用鄰家女孩代言，在號稱「90 後」喜愛的媒體平臺上大打廣告，到各個城市展開「晨花女孩俱樂部」、「校園精英挑戰賽」等活動。但效果並不明顯，難以扭轉「媽媽品牌」的主要印象。

　　2016 年「雙 11」，寶僑為 OLAY 請到了因電視劇《瑯琊榜》大火的「靖王」王凱，以及因為參加《極限挑戰》人

氣大漲的韓國男團 EXO 成員張藝興，分別代表 OLAY 旗下的兩款產品，發起雙男神「極限挑讚」任務，號召消費者為自己按讚，並透過簽名照、演唱會門票等福利吸引粉絲完成「收藏 OLAY 天貓旗艦店、放入購物車、付款」等任務。

　　儘管進行了以上動作，但寶僑嘴還是很硬，並不認為這些就是內容行銷。**促使寶僑真正改變的，是一個著名案例──SK-II（化妝品品牌）拍攝的影片《她們去了相親角》，這影片其實是一個意外的收穫。**事實上，早在 2015 年，SK-II 就在全球啟動了「改變命運」的廣告，在很多國家都找當地一些知名人物或明星代言，如中國明星湯唯。

　　除了很多女生以外，大部分男生可能並沒有注意到湯唯拍攝的很多廣告，包括環繞湯唯寫的公關軟性文章。但是沒想到，《她們去了相親角》這一影片在網路上紅了。該影片會紅也是有理由的。當時正好是過年，大家都在討論相親和「剩女」話題，再加上三八婦女節，可謂天時、地利、人和，自然就紅了。之後，寶僑也趁勢做了許多動作，例如舉行發布會、研討會，一些街頭的小活動，去各個網路論壇裡灌水，再把影片投放到各個角落等。採用這些招數後，沒想到真的有效果。

　　什麼效果呢？一是該影片在坎城獲得了兩個獎項：金獅獎和公關類的金獎；二是 SK-II 因為這個專案，品牌聲譽和美譽度都回升，產品銷量也增加了。SK-II 是寶僑第一個在

財務報告裡營業額回升的品牌。因為這個事件，SK-II 的業績在全球也慢慢回升。寶僑內部了解到內容行銷的厲害，**因此在 2016 年，寶僑首次使用「內容行銷」的說法。**

集團公司一旦嘗到某種甜頭，一定會在整個體系內進行宣傳或研究分享這樣的案例。隨後，大家就可能會效法。2016 年 9 月，其他品牌也紛紛調轉槍頭，把做廣告的錢投到一些新的行銷方式上。比如 2016 年 9 月，百靈就和知乎全平臺做了一個「顏值提升計畫」。在「知乎日報」的人氣單元裡面，以虛擬訪談的形式，講出根據真人經歷改編的「草根男」[9] 故事，再配上一些真人圖片，點出百靈的品牌和新產品。「知乎日報」有一個受歡迎的「瞎扯」單元，百靈在該單元裡設計跟刮鬍子相關的一些問答形式吐槽內容。

百靈還在知乎的 App 上推出一個互動 H5──「給你一本變帥祕訣」。這一系列內容既契合知乎平臺一貫的詼諧調性，又非常自然的把品牌置入其中，最終的傳播效果甚至比知乎日常內容的傳播率都還高，很多消費者也紛紛在上面留言按讚。

這個全平臺的「顏值提升計畫」，無論是傳播效果還是後期銷售轉化的效果都非常好。所以，寶僑中國官方第一次公開把這案例定義為「創新內容行銷」。在這之前，寶僑一

9　編註：「草根男」指收入和出身都很一般或寒微的男性。

直都使用廣告加公關證言來打造品牌，現在終於走到內容行銷的軌道上。做為一個赫赫有名的國際大品牌，我們可將其稱為「內容行銷 1.0」的代表。

▎可口可樂：從創意卓越到內容卓越

2012 年，可口可樂就制定了令全球震驚的「內容行銷 2020 戰略」。這個戰略成為全球一些品牌進入內容行銷潮流的先導。

可口可樂「內容行銷 2020 戰略」的核心包括：一是強調整個組織從創意卓越到內容卓越；二是把整個內容製作當作一門科學，然後組織專門的團隊去做內容。 它還對所產出的內容做了一些分配。怎麼分呢？70% 的內容是例行內容，20% 的內容是有點創意的內容，還有 10% 的內容是非常有創意但可能有點冒險的內容。所謂的 10%、20% 和 70% 的比例是基於預算得來的。

當可口可樂發布「內容行銷 2020 戰略」的時候，就已經是升級的狀態了。為什麼呢？因為「內容行銷」這個詞（或者概念）是從美國來的。2001 年，美國的「現代內容行銷之父」喬・普立茲（Joe Pulizzi）就提出了這概念。2007 年，他在美國成立了美國內容行銷協會（Content Marketing Institute, CMI)）。2016 年，這協會被英國全球排名第二的一個展覽集團收購。2007 至 2012 年，美國內容行銷協會一直

進行內容行銷理論的探索與實踐。

　　當時，喬納森・米爾登霍爾（Jonathan Mildenhall）是負責美國可口可樂全球廣告戰略的副總裁。可口可樂和百事可樂已差不多競爭了 100 年，它們的行銷理念和行銷方式都非常先進，可口可樂深度分銷也做得很好。雖然不像寶僑那樣有很多品牌，但是它在行銷領域有許多創新，是第一個推出試用瓶、第一個印刷優惠券的快速消費品企業。

　　可口可樂在行銷方面還有很多創新。比如讓自己的女員工做可口可樂廣告主角，強調快樂的個性。在調性打造上，它一直都聘請最優秀的廣告公司。所以在從前傳統的大眾傳播時代，強調的是創意卓越，就是找最好的廣告公司做所謂最好的創意，然後對該廣告進行大半年或者全年，甚至好幾年的投放。但是後來，可口可樂發現這樣做似乎不對了，美國的網路發展也很快，網路興起以後，很多消費者樂意自己去建立內容，而且這些消費者希望能主導與品牌的對話。所以可口可樂覺得需要重新考慮怎麼去跟消費者建立聯繫。

　　在行銷體系裡，可口可樂有個卓越創造團隊，裡面差不多有 40 人，都是從行銷、公關、市場、數位行銷等領域調來的精英。這 40 人被調來以後，集中五天去討論「未來在內容上應該有怎樣的想法」；然後分成不同的主題，每個小組負責一個主題，由組長跟米爾登霍爾彙報。這些人基本上一做就是一整天，連續五天從白天待到晚上，把所有人都折

磨死了。米爾登霍爾每天拿到組員們討論的內容後，要做的事情就是批評，批到最後，終於誕生了「內容行銷 2020 戰略」。

米爾登霍爾是負責可口可樂全球廣告投放的副總裁，他當然知道在傳統廣告投放行銷模式裡有很多既得利益者。他很狡猾，當戰略整理出來後，便讓每個參與者簽字，證明（或類似於宣示）是他們自己願意執行並貫徹這份戰略。

從那時開始，大家看到可口可樂的變化，包括全球各地網站的更新。現在，可口可樂的中國網站也做了跟以前非常不一樣的改版。改版後的中國可口可樂官網看起來內容非常豐富，雖然真正講品牌或產品的內容非常少，但一些故事類的內容卻非常多。可口可樂最近幾年所做的許多案例也是跟消費者互動比較多，而且這種互動是一些即時的內容互動。舉個例子，在做「暱稱瓶」和「語錄瓶」的時候，它會即時在網上以檢測系統找出哪個詞彙已成為（或剛剛成為）熱門詞，第二天馬上把瓶子做出來，然後就成為新的傳播源。

現在，可口可樂的內容團隊會像媒體一樣，每天碰面開會，發布兩到三個內容大綱，根據部落格或推特等媒體習性，量身打造文字、圖片內容。比如與工作相關的資訊要放到領英（LinkedIn）的話，他們會整理成類似〈兩件你必須知道的事〉這樣的簡短文章。然後，數位行銷團隊每週會和這個分區的團隊、市場團隊及其他部門溝通。

這些工作由可口可樂自己的團隊負責。同時，他們也會聘請很多專業攝影師、自由工作者和文案寫手來進行文案創作，還會找一些創意公司策劃部分活動。但是，例行內容或有計劃的宣傳內容還是由自己的團隊完成。

在這個戰略指導下，最近幾年可口可樂在中國乃至於全球聲名大振，為人們製造了無數的驚喜與歡樂。

暱稱瓶、歌詞瓶

2013 年夏天，可口可樂因「暱稱瓶」而改變。「暱稱瓶」成為全民話題，飛速進入我們的日常生活中。它不僅使可口可樂的銷量較上年同期增長 20%，還摘得廣告界的大中華區艾菲獎（EFFIEAWARDS）全場大獎。2014 年，「歌詞瓶」同樣掀起了一場夏日狂歡。

直接用冰做的瓶子

環保到無以復加的包裝設計，直接用冰做成的瓶子，將可樂直接倒入其中。而你，可以直接拿著這個冰做的可樂瓶飲用，一口下去，從嘴到胃，都是徹徹底底的透心涼。

雙人可樂瓶蓋

新入學的大學生誰都不認識，難免無聊、無互動。於是，可口可樂為了讓大學新生可以互動起來，因此設計了這

個特殊的瓶蓋，只有當兩個人一起反向旋轉可樂時，瓶蓋才能被打開。

可口可樂社交隔離罩

可口可樂發布了一則廣告。廣告中，可口可樂鄭重其事的向人們介紹了一種能有效阻止低頭族的偉大發明。其實方法很簡單，只需要為低頭族戴上一款名為「社交隔離罩」（The Social Media Guard）的項圈。這款社交隔離罩的設計原理和貓狗寵物們使用的伊莉莎白圈一樣。不同的是，這一次是佩戴在人的脖子上，可以將其與手機世界瞬間隔離。

針對時下人們常患有「社交症候群」的現狀，以一種幽默的手法加以表現，瓶裝可口可樂恰到好處的出現在片中。與其說是發明，不如說是又為自身做了一次更好的行銷。

可以喝的可口可樂看板

惟妙惟肖的影片廣告，對消費者而言，倘若沒有親自品嘗，也很難感同身受。為此，可口可樂公司在美國推出了一塊「可以喝」的看板，以創新的形式與消費者互動。

為配合這塊「可以喝」的戶外看板，一則「可以喝」的互動廣告也同步上線。觀眾可以透過下載指定的 App，把電視螢幕中的大瓶可口可樂 Zero 倒進手機上的杯子中。杯子灌滿後，用戶將獲得一張電子優惠券，可以在指定零售店換

取一瓶可口可樂 Zero。

正如「內容行銷 2020 戰略」影片最後強調的，可口可樂不再依賴以電視為中心的 30 秒廣告了。2012 年 11 月，可口可樂徹頭徹尾的改造了 1995 年誕生的官網，將原來的首頁更換成線上出版平臺，並將其命名為「Coca Cola Journey」，目前已在澳洲、紐西蘭、荷蘭、法國、摩洛哥、日本、俄羅斯、烏克蘭及中國推出本土化內容。

在中國官網上，Coca Cola Journey 被譯為「一路可口可樂」。你會發現上面的內容比一般媒體網站更精采！

Coca Cola Journey 就像一個故事中心，不斷為可口可樂創造、發布有價值的內容，吸引著不同行業的人的目光。顯而易見，可口可樂公司在行銷方面進行巨大變革，而公司管理者和各國的行銷人員對此都高度重視。

▌做好內容，痔瘡膏也有春天

2016 年 7 月，被譽為「東方菊花神藥」、「西方網紅新寵」，好評度秒殺老乾媽辣椒醬，能讓你屁股笑開花的馬應龍痔瘡膏徹底走紅了。美國人在亞馬遜上發了一千多條好評向這款痔瘡膏致敬，讓人看完居然有種「拯救了全人類」的民族自豪感湧上心頭。

儘管馬應龍官方表示對歐美市場鮮有涉足，但因為話題內容自帶引爆點，也順勢成就了一次完美的借勢行銷。

很多人會對馬應龍的走紅感到意外，甚至馬應龍自己可能也覺得很意外。實際上，這些都是誤會，因為馬應龍已經為此努力了很多年，它的內容行銷早已形成位能，紅不紅恐怕只是時間問題。

2010 年，「叫獸易小星」團隊開始與馬應龍合作。當時萬合天宜公司還未成立。多年來，雙方聯合出品的創意影片竟然達到三十多部。叫獸易小星、白客、小愛、劉循子墨等如今的新媒體名人，還出演過其中多部作品。這三十多部創意影片在網路累計播放次數，現在已突破 1 億次。

這些影片包括 19 部病毒影片，其中的代表作有《超倒楣特種部隊》、《關我屁事》、《菊花的祕密》、《戰痘吧，騷年》，以及網上流傳最廣的《屁股歡樂頌》。光聽名字就知道其切入角度和內容的調性。

推出幽默搞笑的病毒影片後，馬應龍希望創作一些有深度的作品，能引起受眾內心的情感共鳴。於是從 2011 年開始，叫獸團隊和馬應龍又相繼聯合打造了四部微電影：《漂》、《大村姑》、《老魔術師》和《老鬥士》。

其中，《大村姑》不僅被央視電影頻道推薦免費播出，影片和演員還入圍多項電影節獎項提名，並榮獲十多項大獎，成為叫獸迄今執導所有微電影中獲獎最多的一部。

2013 年，隨著影片網站的迅速發展，對內容和版權的需求日益旺盛，各大影片網站開始爭相打造自己的原創節

目。馬應龍也謀求網路行銷上的創新和突破。隨後，馬應龍與萬合天宜合作，製作了 8 集幽默脫口秀短劇「P 大點事」，內容環繞與屁股相關的各種軼聞趣事展開，最終回到提醒大家關注肛腸健康的主題上。這部短劇藉著《萬萬沒想到》網路劇的熱播，受到網友們的追捧。

除了和叫獸這類專業團隊合作，馬應龍還不斷鼓勵用戶參與內容創作。

2010 年 11 月，馬應龍和土豆網合作，打造了一個創意影片徵集活動，透過整合土豆網最優秀的創意資源，製作一些能引發年輕人興趣，從而主動去傳播、了解馬應龍產品的創意影片。借助這種寓教於樂的互動方式，加深年輕消費者對馬應龍品牌和產品的了解和印象。最後，超過 45 萬名不重複用戶關注了徵集活動並參與互動，共有 117 部網友自製的病毒影片，作品播放總數達到 282 萬次。

2014 年年底，馬應龍在自媒體平臺也進行了創新嘗試——群募辦微信，在馬應龍微信公眾帳號徵集大家的投稿發言，並根據閱讀數支付數百到上萬人民幣不等的稿酬，在一定程度上解決了內容品質和擴散問題。另外，為了有效解決線上線下的行銷結合和客情維護問題，馬應龍還會定期舉辦店員手繪 POP（店頭陳設）廣告大賽等特色活動。

內容行銷不僅僅是病毒影片，還是長期輸出價值並且與用戶溝通的過程。馬應龍的行銷管理高層也坦言：「未來，

行銷的挑戰是找到目標受眾、搭建平臺、和他們建立關係、引導受眾產生創意內容，並能在各平臺上自動傳播。」

▌ 愛迪達跟電視廣告說再見

2017 年 3 月，當運動領域的悍將、傳統廣告大戶愛迪達的全球執行長說要暫停電視廣告投放時，全球廣告行業的虎軀為之一震。

中國媒體更是懷著各種目的開始轉載和報導這則新聞。動作最快的財新傳媒更是迅速採訪了愛迪達中國企業公關部負責人孫靜波，孫靜波回應：「在中國，愛迪達將繼續透過多元化的媒體管道和消費者溝通，包括電視。電視仍然是我們主要並且十分重要的媒體管道。」

中國官方的回應也許給國內電視媒體吃了一顆定心丸。事實上，也許國內電視媒體根本沒有想像中那麼震驚和焦慮。2017 年 3 月初，愛迪達中國區正式公布開啟 2017 年「由我創造」女子品牌傳播活動，並公布由時任中國女排隊長惠若琪和元氣女星張鈞甯代言的電視廣告與線上線下互動計畫。按照跨國企業的一貫做法，愛迪達相應的媒體購買計畫或合約，應該在計畫公布前已經簽署或確認。因此，至少在2017 年中國的電視媒體無須太過擔心。

但是，到底為什麼愛迪達全球執行長會這麼說？他是一時衝動嗎？顯然不是，因為仔細看他接受採訪的原始談話內

容，無論是態度還是邏輯一致性都很好。

　　中國大部分媒體在解讀這個消息時，借助市場研究機構 eMarketer 的資料，把背後原因歸結為數位化投放的提升。其實這並不是問題的重點。問題的重點是，愛迪達已經在最近幾年的行銷中，開始大規模嘗試透過內容——而不是廣告——來傳播品牌資訊和理念，並且有了非常好的效果。

Stan Smith 復出互動戰

　　Stan Smith 設計於 1963 年，是有史以來第一雙簽名運動鞋，也是愛迪達單一產品銷量最高的鞋子，總銷量已經超過 4,000 萬雙，基本上每隔 10 年都會流行一次。

　　2014 年，愛迪達在美國本土市場腹背受敵，運動領域第二名的位置已經不保。在背水一戰的情況下，愛迪達重新推出 Stan Smith。該鞋款的復出不僅引起美國市場轟動，而且提振品牌年輕時尚的調性，開闢了運動時尚的新藍海。

　　我們來看看愛迪達當時是怎麼做的。

　　首先是清理市場，在這款鞋子復出前，對相關產品進行斷貨處理。2014 年，該款鞋的復出亮相選擇了時尚走秀，但是此後並不急於販售。在時尚秀結束近 6 個月後，才開始推出明星訂製版，把每個明星的形象印在鞋舌上。一時間，馬克‧雅各布斯（Marc Jacobs）、貝克漢等一大波明星、名模於各種場合穿著這款鞋子的整體造型，在社群媒體上受到

熱議。明星話題過後，又推出時尚部落客限量訂製版，持續互動吊足了普通消費者和粉絲的胃口。最後，愛迪達在社群媒體上推出「Stan Yourself」活動，並推出三種顏色，消費者和粉絲可以把鞋舌上的明星形象換成自己的。

透過飢餓行銷、明星同款、限量訂製、充分互動幾個組合拳，Stan Smith 成為當年的熱賣商品。

全球的互動行銷旋風

Stan Smith 的成功引發了愛迪達的行銷新風潮。2015 年，愛迪達在全球改變行銷架構。新的架構以「在 6 個重點城市建立體驗中心」為重心，這 6 個城市包括洛杉磯、紐約、倫敦、巴黎、上海和東京。

從 2015 年 3 月起，愛迪達中國區全面發起春夏季 100 個「趁現在」品牌活動，以全新的方式聯合媒體、明星、意見領袖和年輕人，詮釋「趁現在」精神，並且為「neo 系列」（愛迪達的一個運動休閒系列）造勢。

活動啟動後，以獨特的「邀約書＋ neoTEE ＋小蟻攝影機」的邀約裝備，同時向年輕人喜愛的影片媒體（優酷）、實體紙媒（有貨）、代言明星、意見領袖發起邀請，共同創造 100 個「趁現在」的故事。

對一般消費者來說，100 個「趁現在」也是一次自由創造的機會！只要進活動網站申請、拍攝、上傳「趁現在」片

段，簡單幾步就能展現自己的青春故事。

2015 年 8 月，愛迪達舉辦一個名為「Base Brixton」的活動，該活動邀請業餘街頭足球運動愛好者，參與新款足球戰靴「ACE15」和「X15」的發表會。

2016 年 3 月，愛迪達在維多利亞公園建立了一個「X」形的快閃概念空間，為年輕女性提供免費的健身訓練體驗。當然，背後的根本目的是推廣該品牌旗下專為女性消費者打造的新產品「Pure Boost X 系列」跑鞋。此外，這空間也做為女性在維多利亞公園冬季跑步和運動的場地。

2016 年 3 月，愛迪達在歐洲推出了全新「Adidas NMD 系列」鞋子。愛迪達沒有請大明星為這款鞋宣傳，而是在歐洲 9 個城市（如斯德哥爾摩、倫敦、柏林、米蘭、巴賽隆納、鹿特丹等地）的某廣場推出一個立方體裝置。

這個由巨大的液晶螢幕組成的立方體，一方面可以展示新款鞋子的品牌廣告、圖片等；另一方面也和用戶互動，用戶可以在螢幕上分享自己的鞋子。

2016 年，愛迪達在莫斯科的 20 家實體店實行了網路下單測試，1 週內營業額增長了 30%。截至 2016 年 8 月底，愛迪達已經將這個模式推廣到 200 家門市。

2017 年 3 月，愛迪達在中國的「由我創造」女子品牌活動全面展開，活動最大亮點是一場持續兩週的女子體驗活動。活動聯合上海、北京、廣州、成都的炫酷專業健身工作

室，在專業教練的帶領下體驗空中瑜伽、聲光電單車、動感創意跑、搖滾戰鼓、塑身芭蕾等富有創意的健身運動，打造女性專屬的創意運動體驗。消費者可以透過標記 adidas Women 微博帳號及合作運動 App 等平臺進行報名和互動。

互動的核心：由消費者參與的內容行銷

　　無論是 Stan Smith 的復出、各個城市實體的空間體驗，還是徵集 100 個線上「趁現在」故事，這些行銷活動的核心除了互動外，更多的是透過與消費者互動持續產生內容，在擴大聲量的同時也可以獲得曝光機會，並提升消費者對品牌的好感度。

　　愛迪達官方把這種行銷方式叫「內容行銷」。

**　　愛迪達大中華區董事、總經理高嘉禮先生在 2015 年接受「成功行銷」採訪時表示，2015 年行銷的關鍵字是內容行銷，並且強調不是為了內容而做內容，而是希望透過內容與目標受眾互動，因此有了 100 個「趁現在」的故事。**

　　當然，早在 2014 年巴西世界盃期間，愛迪達中國區的微博和微信內容行銷就曾大顯身手，因為由其贊助的兩支球隊會師世界盃決賽。愛迪達順勢推出「成王或敗寇」（all in or nothing）的行銷活動，並且安排一支即時工作團隊在微博上更新內容，與消費者互動。在世界盃開始後的 5 週內，創作了 100 條即時原創內容，引發四萬多次轉發分享和

4,000 萬的瀏覽量，粉絲數增長 22,500 人。同時，愛迪達在微信平臺開了一個世界盃官方帳號，吸引了五萬多名關注者訂閱。

2016 年，愛迪達把之前營運 5 年的部落格整合成數位內容生產平臺，並且將其命名為「GamePlan A」，由愛迪達內部的傳播部門製作，集合了集團內部「愛迪達」和「銳步」（Reebok）品牌的新聞資源，總共分為六個主題。其中的內容創造者大多是一些喜歡運動又對商業感興趣的人。他們在這個平臺上分享一些關於運動的資訊，以及運動為他們生活帶來的改變。

愛迪達執行長在 2016 年的年報中表示，數位化將會在未來幾年為集團帶來翻天覆地的變化，從研發、生產、銷售等各層面顛覆原有業務模式。愛迪達希望在 2017 年，30% 的品牌內容都能由用戶創造。

當然，這並不代表電視廣告會馬上從愛迪達的行銷策略中消失。根據美國一家電視廣告分析公司 iSpot TV 的資料，2017 年愛迪達還在美國播出好幾個電視廣告，包括由饒舌歌手史努比狗狗（Snoop Dogg）演出的原創系列。但和其他品牌相比，愛迪達在美國的電視廣告投入相對較少。iSpot TV 的資料顯示，2017 年 2 月，愛迪達在電視廣告方面的支出排名為第 511 名。

▎賣貨的內容也有高下之分

中國最大、最早成立的內容行銷商學院「一品內容官」曾做過一個知名實驗：內容長（Chief Content Officer）進化實驗。其中某個實驗模組結束後，一位參加實驗的同學說，他覺得內容行銷或者內容本身有「金線」：金線之上，價值連城；金線以下，一文不值。然後他又說，因為能做出金線以上內容的人少之又少，所以內容長彌足珍貴，也因為找不到好人才，所以才有廣告公司的用武之地。

這段論述極具跳躍性，也極具迷惑性，乍看之下很有道理，仔細琢磨好像又很有問題。

好內容價值連城可以理解，不是好內容就一文不值，好像也不是那麼回事。**畢竟從行銷的角度看，不是所有好內容都能得到傳播，也不是所有被傳播的都是好內容。**

能做出好內容的人的確很少，這也沒有問題；因為找不到好的人才，所以讓廣告公司有用武之地，這好像也太看得起廣告公司了。其實廣告公司分成很多種，並不是所有廣告公司都可以生產出好內容。

當然，即使甲方找廣告公司合作，也不見得是因為自己沒有人才，至於原因是什麼，筆者後面會慢慢為大家分析。內容長，尤其是真正實質上的內容長，在中國確實很少，少到可能還不如大熊貓多，所以用「彌足珍貴」來形容，一點

也不為過。

　　但是，這個論斷寥寥數語所展現的最大問題不是上面這些，而是他把「內容行銷的金線」和「內容的金線」混為一談，並且用絕對二分的口吻抹殺了內容行銷的價值。

　　金線變成網路熱門關鍵字，都是馮唐的功勞。

　　馮唐在韓寒代筆門事件中，寫了一篇文章〈大是〉，文中說：「文學的標準的確很難量化，但是文學的確有一條金線，一部作品達到了就是達到了，沒達到就是沒達到，對於門外人，若隱若現；對於明眼人，一清二楚，洞若觀火。『文章千古事，得失寸心知』。雖然知道這條金線的人不多，但是還沒死絕。這條金線和銷量沒有直接正相關的關係，在某些時代甚至負相關，這改變不了這條金線存在的事實。」

　　在「方韓大戰」的關鍵時刻，馮唐這番話無異於火上澆油，後來遭到口誅筆伐不在我們的討論之列；但他因「金線論」一舉成名。仔細想想，馮唐的話其實話糙理不糙。雖然文學的欣賞極其主觀，正所謂「文無第一，武有第二」，文章的結構、主題、風格、調性等都是蘿蔔青菜各有所愛。但是從大數據的角度來看，那些廣為流傳並得到大部分人認可的作品，一定是優秀的作品，比如《水滸傳》、《西遊記》、《三國演義》、《紅樓夢》等。儘管《儒林外史》、《拍案驚奇》系列也不錯，但沒有那麼大的普及率和傳閱量。借助現在內容分析的工具和思路，這兩類作品之間，確實存在難以量化

的、若隱若現的「金線」。

　　所以,「金線之上,價值連城」這說法肯定沒問題。至於「金線以下,一文不值」,相信很多人不會同意,無論如何,大家都不會認為《儒林外史》一文不值。

　　最近公開講這句話的人是公眾帳號知名人物六神磊磊,他的內容確實很棒,因此,他有說這話的自信;但是按照他的學養和為人,說這句話不是為了自矜,而是感嘆目前火爆的自媒體和內容創業現象。

　　根據 2016 年年底的統計資料,微信公眾帳號的數量已經突破 2,000 萬個,並且在資本和平臺資金的支持下,內容創業的虛火目前非常旺盛,2016 年也被稱為「內容創業者的春天」,成為內容創業「最好的時代」,自媒體公眾帳號每天以十多萬的速度在增加。在這樣的背景下,一個公眾帳號要出人頭地確實不容易,如果沒有成功,也許從直接受益的角度看,很可能真的「一文不值」。

　　內容行銷也有自己的金線,這個金線具體是什麼,我們稍後再說。在討論金線之前,先談談內容行銷的好壞和高低之分。

　　所謂「好」和「壞」,從定量層面看,它的標準是內容行銷對公司的行銷和品牌戰略的量化貢獻;從定性層面看,它的標準主要在於內容和發布平臺的選擇,是否與品牌調性、受眾喜好契合,如果契合,就可以說「不壞」或「某企

業的內容行銷策略和實施基本合適」。要做到合適很簡單，因為這是稍加培訓就能掌握的「技術活」。

在媒體和資訊爆炸的背景下，企業的內容行銷如果只是合適還遠遠不夠，因為那樣不能最大化享受內容行銷的好處，比如引爆話題、持續的好口碑、自來水傳播和長尾效應。**只有把內容行銷變成「藝術活」，在策劃和執行層面展現內容行銷的高低，才算是做好了內容行銷。**

根據我們的觀察，內容行銷的高低之分可以有下面五個層面：「對、好、高、妙、絕」。

- **對──相當於內容行銷的及格線（60 分），表現在進行品牌和受眾研究之後，內容行銷的策略、調性、方向和平臺基本正確，但是整體內容沒有驚喜。**大部分公司的內容行銷都處於這個階段。

- **好 ── 在對的基礎上，把需要行銷的內容做得更精細、更傳神，從簡單的文從字順、畫面整齊，變成語言精煉、畫面精神。**舉例來說，2013 年羅永浩在錘子手機發布會前使用的第一組海報。該組海報一方面透過對比蘋果手機提升了自己的檔次，同時也清晰表達了錘子手機的差異化功能。綜合來看，可以給該組海報打 70 分。

- **高──在好的基礎上更進一步，表現於內容形式和角度更新穎、更獨到，讓人覺得別具一格，看了不由得**

豎起大拇指。舉例來說，同樣是前述手機發布會的第二組海報，透過誇張又不過分的嬰兒表情、圖文高度統一的調性，強化錘子手機可能帶來的驚喜；同時也用帶有懸念的方式吊起受眾胃口。可以給該組海報的綜合表現打 80 分。

- **妙——在高的基礎上更進一步，不僅表現在內容行銷的策略、創意、平臺等渾然一體，而且整體的策劃和實施非常巧妙，操作簡單，成本低廉。**當年羅永浩在做老羅英語時，借勢音樂節的宣傳影片就很妙，總體可拿 90 分。

- **絕——是指某個內容行銷戰役，不僅策略、創意、平臺的選擇十分高妙，非常契合受眾的痛點、淚點或笑點，而且占盡天時、地利、人和，在一定時段能穿透既定目標受眾圈，形成整個社會層面的洗版級討論和關注。**比如當年澳洲旅遊局推出的「世界上最好的工作」（The Best Job In The World）及「冰桶挑戰」（Ice Bucket Challenge），雖然這樣的行銷可遇不可求，但是一旦做到了，就會成為行銷史上的絕唱，並能享受源源不斷的絕唱紅利。因此從效果的角度，可給這樣的行銷方案打 100 分。

那麼，到底內容行銷的金線是什麼？如果一定要給一個標準，筆者認為這個金線處於內容行銷的高和妙之間，是內

容行銷從技術走向藝術的關鍵轉捩點。它是內容行銷從業者跳一跳可以搆得著，跑一跑能夠跟得上，有檔次同時又不至於受到行銷環境、預算等不可控外界因素影響的一個標準。

3

怎一個「情」字了得

○

內容吸引人的地方在於它不再是簡單的告知，而是透過技術形式、畫面、音樂和文案等讓人感知。透過對人性和消費及使用情境的洞察，找到消費者或受眾情感的共鳴點、情緒的共振點、情慾的刺激點和情懷的烙印點，從而建立起超越買賣之間的信任和黏著度。

●

▎ 好內容都是「情」、「趣」、「用」、「品」

　　關於什麼是好內容，十多年前有個說法是「內容為王」。羅輯思維的羅振宇在 2016 年的跨年演講中拋出一個觀點：「不僅內容為王，內容還要有高下之分。」當時他並沒有給出所謂高下的標準，從羅輯思維推出的付費產品來看，粉絲願意付費的內容就是好內容。

　　而筆者認為，好內容應該都是「情」、「趣」、「用」、「品」，這個「情」、「趣」、「用」、「品」的每個字，都代表了內容創作的一個層面。如果按照這些層面進行創作，行銷的內容可能更容易傳播。

情緒、情感、情慾、情懷

　　「情」，首先是情緒。**如果內容沒有情緒，就像飯菜沒有味道，很難吸引人。得意、高興、不滿、急躁、悲傷、恐懼……這些情緒都可以用。**舉個例子：王老吉在汶川大地震後，宣布捐款 1 億人民幣。這一舉動既順應了災區的要求，又符合了廣大群眾悲天憫人、無可奈何的情緒，其幕後公司在網路炒作的「封殺王老吉」，更是把這種情緒放大到極點，從而讓王老吉一戰成名。[1] 而同時期萬科集團的王石說：「對於逼捐，我是不認可的。做為一個企業，或者一個員工，捐十塊錢就夠了。」話糙理不糙，但是網友並不買帳，網上一

片罵聲，並且給他取了「王十塊」的外號。

2016 年夏天瘋傳的「逃離北上廣」，也是抓住北上廣白領的痛點敘事。北上廣生活壓力都很大、節奏快，但也充滿誘惑，很多人在這種矛盾的心態下掙扎。2015 年一份與眾不同的辭職信：「世界那麼大，我想去看看。」引起了全國討論。於是，在這兩種情緒裹挾下，短暫逃離北上廣的策劃瞬間在朋友圈流行起來。微信單篇貼文的閱讀數為 116 萬次，留言 5,200 則。隨後各種討論和延伸傳播，成了 2016 年的一個現象級案例，也讓「新世相」從一個公眾帳號，變為一個擁有較強策劃能力的媒體和廣告公司。

從上面的例子可以看出，從情緒角度做內容，首先要體察網友和大眾的情緒，然後順應這種情緒，透過放大和渲染這種情緒，讓內容紅起來。

情感本身就是一個千古不變的主題。從行銷的角度看，泛泛的講內容已不能引起消費者和受眾的喜愛，所以要在靈魂深處，直接找到一個情感支點，然後去演繹，簡單、真實的發揮情感直達人心的力量。

情慾是最原始的內在驅動力，但是對外傳播時，要遵循這樣的原則：要風流不要下流，要情色不要色情。否則內容

1　編註：此處的「王老吉」是加多寶集團推出的涼茶飲料名稱。1996年，加多寶經廣藥集團授權許可使用「紅罐涼茶」商標，並按合約從廣藥集團手裡得到紅罐、紅罐涼茶的經營權，合約在2010年到期。

的調性會很糟糕，大眾自然不會買帳。

從文化心理的角度看，內容如果太直白也很難上檯面。因此，就情慾而言，多用暗示少用直白。全球知名內衣品牌「維多利亞的祕密」，每年都會開非常盛大、絢麗的新品發布會。它的包裝、燈光、世界最一流的超模在臺上所展示的，都是情色的暗示，而你不會聯想到色情，所有人都會愛上它。杜蕾斯也是借勢行銷的高手，每次一有重大事件，所有人都在期待，這次杜蕾斯會玩什麼。

情懷可能是夢想，也可能是空想。儘管「90後」不喜歡談夢想，或者不願意為別人的夢想埋單，但是「70後」、「80後」的很多人，還是有理想或喜歡談理想。

從消費者分層的角度看，我們也可以談情懷、談理想，這樣才能得到他們的回應。「夢想還是要的，萬一實現了呢？」**褚氏雲冠橙之所以賣得好，不是因為柳橙有多甜，主要還是「老驥伏櫪，志在千里」、「跌入谷底，觸底反彈」的勵志故事，激發了大家不忘初心、追求夢想的情懷。**

有趣才是正經事兒

「趣」，是趣味化的表達。現在這時代，對年輕人來說有趣才是正經事兒。趣味表達有三種方法：一是故事化，楊石頭老師曾講關於華為手機的故事很吸引人，最後讓我們都一起被故事牽著走了，真棒；二是情境化，情境裡有時間、有

空間、有情景、有互動；三是娛樂化，很多內容只有往娛樂方向走，大家才會喜歡。

● 故事化

　　許多吸菸的男人都喜歡之寶（ZIPPO）打火機。這品牌的打火機除了自身品質確實不錯，還號稱多大的風也吹不滅，沉在河底許多年都還能用，在越戰時救過很多士兵的生命。這些故事讓之寶變得更有魅力，人們在使用時不僅有面子，還有話題。因此，其產品在全世界暢銷不衰。

● 情境化

　　情境包含了時間、空間、情景和互動，容易使人產生代入感，不容易被人忘掉。天貓在 2016 年的「雙 11」做了一個 H5——穿越宇宙的邀請函，把邀請函變成帶有情境的小影片，形式和內容都讓人大開眼界，也引爆了朋友圈。天貓在「雙 11」獲得 1,207 億人民幣的營業額，這個 H5 功不可沒。

● 娛樂化

　　以前很多從事行銷的人喜歡做廣告，因為做廣告的效率高，占領管道之後，透過硬推也能達到一定的效果。**但真相是消費者並不是不喜歡廣告，他們只是不喜歡無趣的廣告。**

　　微信公眾帳號大號咪蒙[2]、顧爺[3]的置入式廣告，報價已經超過 50 萬人民幣。如果你仔細看互動中的留言就會發現，其實很多人都說：「我就是來看廣告的。」為什麼？因為他們的行文方式、轉到廣告的切入角度很奇特，把廣告要傳達的核心資訊說得很有趣。馬東在綜藝節目《奇葩說》裡置入廣告也很直接，但是觀眾並不反感。因為他不是在板著臉唸廣告，他的趣味表達已經讓廣告成為節目的一部分。

　　娛樂化除了內容本身有意思，內容的表現形式也要有意思。以物流公司百世快運和菜鳥聯盟做比較，2016 年 6 月畢業季，百世快運以「打包青春」為主題做了一系列海報，有情懷、有情感、有情緒，在畢業那個時間點推出，非常吸引人；但如果跟菜鳥聯盟於「雙 11」推廣的動態海報放在一起比較，就很容易被忽略。在消費者注意力資源愈來愈稀少的情況下，要更多想辦法吸引消費者的目光。

有用才是硬道理

　　這裡的「用」就是指所有內容真的有用，包括知識、技

2　編註：「咪蒙」為中國網紅馬凌於 2015 年底創立的微信公眾帳號，關注人數曾達到千萬，目前已經註銷。

3　編註：「顧爺」本名顧孟劼，本身未受過藝術史教育，但憑藉對繪畫的熱愛，成為網路極紅的藝術科普作家。

能、方法、精華的分享。行銷圈有個不少人都熟悉的知名人物——李叫獸[4]。這位年輕人從清華大學畢業沒兩年，幾乎沒有做過幾個真正的、大的行銷案例，但他寫的分析性文章非常棒，因此收穫了一大批粉絲。2015 年 6 月，一篇名為〈為什麼你會寫自嗨型文案〉的文章使他一戰成名。李叫獸的很多理論對不對呢？仁者見仁，智者見智。但是，有那麼多粉絲喜歡他，證明這些分析性文章可能真的有用。

再以網紅張大奕為例。她現在是淘寶電商圈網紅第一人，淘寶店鋪「吾歡喜的衣櫥」品牌負責人。2015 年「雙11」，其店鋪營業額達到 2,000 萬人民幣；2016 年「雙11」，只用 6 個小時就達到 2015 年 2,000 萬人民幣的銷售規模。她主要賣服裝，粉絲為什麼喜歡她的推薦呢？因為做為一個網紅，她持續不斷在微博和淘寶教別人怎麼穿衣服，為消費者灌輸穿衣的理念，教消費者怎麼讓自己變得更有品味。而她的商品 CP 值還可以，因此她吃喝什麼，粉絲就跟著買什麼。

---

4 編註：「李叫獸」本名李靖，2015年創立北京受教資訊科技有限公司，2016年公司被百度收購，擔任百度公司副總裁，2018年離開百度。

張大奕的微博首頁

張大奕的淘寶店鋪

品質、品相、品味

　　這裡所說的「品」，就是品質、品相、品味。大家請看農夫山泉官網的三個產品圖，左邊是普通的農夫山泉包裝，但當它推出右邊兩款包裝時，朋友圈就瘋傳了，為什麼？

　　顏值是硬道理。

　　後兩款包裝給人的感覺、透露出的氣質，一方面顛覆了人們的想像和認知，另一方面也符合人們對「新、奇、怪、美、潮、樂、酷」的追求，手裡拿著新包裝的農夫山泉，就會覺得自己很有品味。以設計為龍頭，把設計美學、材料科學和人體工學融合在一起的新產品，很容易成為熱賣商品。

　　品質、品相加起來，就代表了一種品味。2016 年上半年，涮羊肉連鎖店「小肥羊」做了一個廣告片，找《舌尖上的中國》紀錄片的導演拍攝，並用了最好的器材，整個影片所展現出來的食材質感非常棒。因為這個影片，筆者特意去吃了一次小肥羊。因此可以說，內容的品相有時就代表了產品的品相。

農夫山泉官網產品圖

▎情感共鳴：人類不能被機器打敗的最後希望

　　2017 年 5 月 27 日，被稱為天才棋手、目前世界圍棋等級排名第一，並且被稱為「人類最後的希望」的柯潔與 AlphaGo 的三番棋比賽落幕。幾乎毫無懸念的，柯潔以 0：3 落敗。柯潔在賽後的新聞發布會上說，和 AlphaGo 下棋太

痛苦了，它太完美，讓自己看不到贏的希望。

事實上有媒體報導，在對弈過程中，柯潔中途離場回來後，就有明顯的情緒波動，甚至是失控的表現。

AlphaGo 表現完美，不僅在於其演算法的精準，而且在於整個對弈過程中，沒有任何情緒波動，也沒有任何情感流露。因此，這讓人類陷入最大的黑洞和恐懼中。

自從 20 年前西洋棋（國際象棋）世界冠軍輸給人工智慧後，圍棋既是人類抗拒人工智慧的一個堡壘，也是一種驕傲。因為星羅密布的棋盤上，各種棋子的組合與變化太多，同時還有超越變化之外的取勝招數，應該說是人類高智商和情感的最佳組合。但是截至目前，這個堡壘完全、徹底的被攻破。

在此一年前，當 AlphaGo 贏了李世乭時，柯潔發布微博說：「就算 AlphaGo 贏了李世乭，它也贏不了我。」半年前，AlphaGo 的升級版 Master 橫掃網路，柯潔也跟 Master 下了三盤，結果一盤都沒贏。從那以後，柯潔改變了自己的認知，在這場三番棋的發布會上，柯潔從最初必勝的自負變為「抱著必勝的心態、必死的信念，不惜一切手段爭取勝利」的相對謙虛，然後到輸了第一盤之後的小懊悔。儘管第一盤結束之後，他的師父聶衛平表示，雙方差距太大，AlphaGo 中盤以後領先優勢太大，所以官子階段 [5] 一再退讓，這也是因為鎖定了 100% 的勝利可能。

　　這次大戰之後，連同之前 Master 跟全世界包括柯潔在內的頂級棋手對弈，AlphaGo 獲得 60 盤全勝戰績，它也將退役，不再和人類比賽。

　　做為人類在圍棋上全面失守的代表性戰局，這次三番棋的勝負自然為人所關心。然而，當結果出來之後，關於這次比賽討論最多的卻是情感，為什麼？

　　因為人類在下棋的時候，會有情感和情緒的波動，會有精力和體力的極限，會受到外界的各種干擾，但是 AlphaGo 不會。在勝利的終極目標和演算法的指引下，它會孜孜不倦的調動自己一切潛能去下每一步，而每一步不會受到任何情緒的影響。

　　賽後，一些名人針對比賽也給出了演算法以外的評判。馬雲評價說：「人類在這些方面的失守，就像當初馬車輸給汽車一樣，是必然的。人類勝在情感和體驗，人類應該讓機器人去做人類做不到的事，別在演算法和知識上跟機器人較勁。因此，整個人類教育模式需要改變，教育要強調智慧和體驗，而不是知識和記憶。」

　　電腦領域大師李開復不僅在賽前預測柯潔會以 0：3 落敗，而且直言這場比賽沒有科學價值，人類更應該關注人工

5　編註：「官子階段」又稱「收官」，是圍棋比賽三個階段的最後一個階段，指雙方經過中盤的戰鬥，地盤及死活已大致確定之後，確立競逐邊界的階段。

智慧的應用。而在早先他發起的人工智慧與德州撲克頂尖選手的對決中，人類頂尖選手也曾經完敗。

雖然李開復說這場比賽毫無懸念，沒有任何科學價值，但為什麼還有這麼多人關注？

從某種意義上看，這是一場赤裸裸的商業比賽，由中國棋院和 Google 共同舉辦，選址在烏鎮。這也和烏鎮舉辦過世界互聯網大會有關。

這場沒有懸念的比賽之所以讓人惦記並產生如此大的影響，是因為在這場比賽的策劃與宣傳中，充滿了人類情感的表達。比如在李世乭對戰 AlphaGo 時，柯潔說：「人機大戰，李世乭非最佳人選。」2016 年 3 月，圍棋人機大戰首場比賽後，柯潔發表了：「考慮接受電腦挑戰，現在傾向李世乭輸 0：5。」「我下棋風格很像 AlphaGo，未來願意和它約戰。」「AlphaGo 贏不了我。」「我暫時是圍棋界第一人。」「AlphaGo 的圍棋實力遠超想像，我勝算大概為六成。」「敢約戰我就應戰。」等言論。

2016 年 3 月 10 日，人機大戰第二局結束後，柯潔又發聲：「噁心極了，讓我有種如鯁在喉的感覺，我已經絕望了，這是徹底的完敗。」「我到現在都沒有摸到 AlphaGo 的底，它的每個判斷幾乎都優於李世乭，非常犀利，我覺得 0：5 可能是高機率事件。」

做為人類最後的希望，大家對這場比賽的關注和好奇，

不僅是因為柯潔的某些說法觸動了人類面對共同敵人時的某種情感，也是基於人類對智慧被人工智慧整體超越的一種不安和不甘。

情感是人的優勢，也是人的弱點。人類在接受資訊時，不會像機器那樣，從純粹的、有用的角度去考慮，會受到各種情感的干擾。尤其是在未來，行銷面對的是一個個活生生的人，內容只有觸動了消費者的情感，才更有可能引發其內心的共鳴，從而得到認同。

事實上，情感在行銷中的重要性也可以從 2016 年的年度詞彙窺見一斑。

2016 年 12 月，韋氏詞典宣布「超現實」（surreal）成為年度詞彙。這個詞的意思是「帶有夢境中的現實的那種極荒謬感覺」（marked by the intense irrational reality of a dream）。這是個相對較新的英語單字，最早可追溯到 1930 年代，用來描述 20 世紀早期藝術界的超現實主義運動。後來在日常使用中，該詞彙的涵義愈來愈豐富且生活化，可以用在表達驚訝、恐慌、難以置信等情感的對話中。成為韋氏詞典年度詞彙的標準，主要是詞彙每年的搜尋增加總量及成長率。川普當選美國總統後，「超現實」一詞的搜尋量達到有史以來最高。

而 2016 年牛津詞典的年度詞彙為「後真相」（post-truth），意思是「訴諸情感與個人信仰，比陳述客觀事實具

有更大民意影響力的種種狀況」（relating to or denoting circumstances in which objective facts are less influential in shaping public opinion than appeals to emotion and personal belief）。牛津詞典評選年度詞彙的目的，是「為了在語言方面反映過去的一年」。這個詞最常用在與英國脫歐公投和美國大選相關的文章中。與 2015 年相比，「post-truth」一詞的使用頻率增加了大約 2000%。

　　「後真相」的當選，揭示了行銷的一個真相：訴諸情感與個人信仰，比陳述客觀事實具有更大的民意影響力。用通俗的話來表達就是：擺事實、講道理不如擺姿態、講故事。很多人說川普的勝利是社群媒體戰勝了傳統媒體，是草根情緒戰勝了精英情懷。與其這樣說，不如說是川普的情緒和狀態表達幫了大忙。

　　從心理學和社會學的角度來看，情感是人類對自身以外其他人、事、物的價值表達，是一種相對穩定和持久的關係表現。在人類進化的長河中，情感透過社會協作、教化和基因遺傳等，逐步形成相對豐富、完整又具有普遍性的一種價值表達。

　　這種價值表達最基本的展現就是親情、愛情和友情。親情表現在父母對於子女無私的愛，而子女對於父母也有反哺和回報的心；愛情表現在為另一半捨身赴死的豪情，以及對另一半的保護和排他性占有等；友情則可以表現為願意為朋

友兩肋插刀。

　　除了這些正面的情感之外，人類還普遍存在一些相對負面的情感，比如自卑、貪婪、虛榮、愧疚、孤獨等。這些情感不一定每個人同時具有，但是一定都具有其中的某些情感特徵。

　　正是因為人有情感，而機器和產品本質上沒有情感，因此，各大品牌透過對相關產品進行情感注入及傳播中的調性把握，讓同質化的產品變得不一樣。

　　舉一個最簡單的例子：在可口可樂和百事可樂的百年大戰中，就產品本身而言，曾經有人做過多次試驗，即使是最資深的死忠粉絲，在撕掉商標後的產品盲測中，也無法準確分辨出哪個是可口可樂，哪個是百事可樂。但是很多人在購買時，面對貨架上的兩個品牌，會做出截然不同的判斷。喜歡可口可樂的人，喜歡的是可口可樂的快樂；選擇百事可樂的人，喜歡的是百事可樂傳達的年輕和活力感。因此，**品牌價值＝產品實用價值＋情感價值。**

　　內容在表達情感時，可以基於詞彙、語句、情節和畫面等不同層面進行醞釀。詞有褒貶，這個大家都容易理解，對於那些沒有明顯褒貶的中性詞，在不同的排列組合下，會變成有情感的句子。比如「我看到一個老婦人在農田裡」和「我看到一個嬌小的老太太在農田裡」，仔細體會一下，這兩句話蘊含的情感是不一樣的。至於情節和畫面，就更容易分辨

了，這也是在內容行銷的實踐中，影片愈來愈受歡迎的根本原因。

　　既然是情感的溝通，就必需找到消費者情感的突破關鍵點。在進行內容行銷之前，要思考以下問題：我們面對的那些族群，在哪些情感層面需要得到幫助？有哪些問題是他們很難自己解決的？他們的哪些情感特點容易形成共鳴？他們的哪些弱點可以用來做為突破關鍵點？

　　所以，我們在做內容行銷時，如果能夠借助情感槓杆去撬動消費者的心扉，銷售通常就會變得非常簡單。這就是所謂的情感共鳴。

▍金士頓：有情感溫度的記憶卡

　　金士頓（Kingston）從 1987 年的單一產品生產者，發展到今天成為擁有兩千多種儲存和記憶體產品的企業。三十多年來，做為一個幫人們儲存「記憶」的品牌，金士頓默默為大家帶來了許多讓人記憶深刻的內容。今天，讓我們一起回顧一下，這些年金士頓的內容行銷在我們的記憶中留下了哪些痕跡。

情感是內容永遠的王牌

　　金士頓的主要產品是儲藏記憶的工具。記憶是很抽象的，因此金士頓的內容行銷策略一直在強調記憶，講關於記

憶的故事。

　　講一個有價值的故事是內容行銷中最難執行的策略，金士頓卻做到以故事內容感動觀眾。尋找故事內容也是很難的，不僅要感動自己、感動觀眾，而且要順暢的與品牌聯繫起來，表現出比產品本身更高的價值。

　　2013 年的《記憶月臺》，將真實故事搬上螢幕，為了戲劇性必須進行適當的改變和處理，例如創造了地鐵站站長的角色，以見證思念丈夫的婦人，日復一日在地鐵站內聽著廣播中丈夫的聲音。這樣的調整，展現了原始故事在畫面中的真實感。

> 記憶是趟旅程
> 同時間，我們一起上了列車
> 卻在不同時間下車
> 然而，記憶不曾下車

用「心」將品牌打造成真實故事

　　「好雨知時節，當春乃發生。隨風潛入夜，潤物細無聲。」一位網友在看完金士頓 2014 年的品牌形象廣告《當不掉的記憶》後有感而發，他引用杜甫的詩句，描述春雨如何細密無聲、悄悄滋潤了萬物，正如金士頓在講故事的同

時，不知不覺突出了產品的重要性。

　　金士頓品牌形象廣告最大的特點，是它可以將消費者帶入一個情境中，跟著故事走。《當不掉的記憶》也是這樣的，廣告中金士頓隨身碟只出現了幾個鏡頭，沒有任何宣傳語；但是又會讓你覺得，如果沒有產品貫穿整個廣告，它就不完整了。

　　不妨去看看這一段港味十足的《當不掉的記憶》吧。

將核心內容進行到底

　　繼《記憶月臺》和《當不掉的記憶》之後，金士頓延續「記憶」主題，將核心內容貫徹到底。

　　《記憶的紅氣球》是根據真實故事改編，為廣告增添幾分色彩，讓人們在不知不覺中就對這個故事留下記憶。做為一個幫人們儲存記憶的品牌，講述一個這樣的故事再合適不過了。人們會帶著自己內心的情感，希望小男孩可以幸福的生活在這段愛的記憶中。金士頓想要讓大家記住的是故事，故事的核心內容是記憶，而不是廣告。這大概也是整個廣告中產品都沒有出現的原因吧！

　　每年的廣告、微電影數不勝數，怎樣才能讓觀眾記住你的產品呢？金士頓的廣告之所以獲得這麼多好評，正是因為看不到任何廣告因素，或者推銷甚至銷售的說詞。但就像杜甫的詩所描述的，你看不到它，卻感覺得到它的存在，將其

深深的記在心裡。

金士頓以街頭展覽的概念，在臺灣的華山跟西門町打造了微電影院，讓觀眾切身感受只屬於金士頓的記憶微影展。

其中，《記憶月臺》和《當不掉的記憶》兩部微電影加起來共 19 分鐘，一天 20 場，竟然場場爆滿。金士頓將內容行銷發揮到極致，數千萬人自發參與並被電影情節打動，是金士頓最好的免費宣傳平臺。這一次，金士頓留給大家的禮物是「思念」。

為了推廣新產品 32GB 的隨身碟，金士頓把產品簡單明瞭的呈現在用戶眼前，將馬路邊的看板變成了透明的隨身碟，裡面裝滿了各種真實的東西，例如圖片、文件、書本、光碟等。

▎情緒共振：大道理人人都懂，小情緒難以自控

心理學上在描述人類和自身以外的關係時，相對穩定的長期價值表達叫「情感」，而相對短暫，能夠很快達到高峰並且消失的價值表達叫「情緒」。

通常來說，人有七情：喜、怒、憂、思、悲、恐、驚。事實上，人的情緒遠不只這七種，還有滿意、倦怠、嫉妒、失落、羨慕、焦慮、憎恨等各式各樣的情緒。但人的基本情緒卻只有四種：快樂、悲傷、恐懼、憤怒。其他錯綜複雜的情緒，都是這四種基本情緒的結合。

　　情緒能夠幫助人類應對特殊環境，讓人在特殊環境下，透過基因和本能反應去採取特殊的應對方式。比如憤怒使人迎接戰鬥、恐懼使人逃離。在某些情況下，情緒帶來的副作用能讓我們對自己的判斷更加堅信不疑。

　　美國卡內基美隆大學的科學家曾經做過一個實驗，參加實驗的人被隨機分成三組。研究人員讓其中一組看了一段喜劇影片，而另外兩組看的影片分別是關於建築、癌症和死亡的節目。緊接著，研究人員讓他們評價自己的情緒，然後向他們展示了一些情侶的照片，並請他們想像在某公共場合遇到這些情侶，同時根據從照片得到的印象，評價這些情侶是否幸福、般配、互相信任、合作等。

　　結果顯示，參加實驗者的情緒狀態，在他們的判斷中扮演了重要角色。處於良好情緒狀態的人（看完喜劇的人），對照片中情侶的關係評價更為積極；情緒低落的人（看了癌症與死亡節目的人），則更容易認為情侶不般配、互相不信任、不合作，也不幸福。

　　這個實驗表明，人類的情緒狀態除了能幫助人類去應對環境，在某種情況下，情緒狀態也會影響到對別人、對社會事件的推理。

　　因此，**情緒本身帶有巨大的內生能量，當消費者進行購買決策時，情緒往往會成為促成購買的重要手段。其作用機制是：情緒影響客戶的推理，情緒塑造客戶的判斷，情緒塑**

造客戶的行為。

　　誰能掌控顧客的情緒，誰就能掌握驅動市場最有力的武器。而內容行銷，尤其是內容電商，在這方面的表現更加明顯。

　　一位自媒體人曾在演講時說過自己的經歷，他在自己的微信公眾帳號寫了篇文章，想反駁一下現在很多企業流行的「人品論」、「忠誠論」，宣導管理應「用與崗位匹配的核心能力做為人才考量標竿，用激勵體系刺激其發揮作用，用管理制度防止其作惡」。當時使用的標題是〈你真的相信人品比能力更重要嗎〉，文章迴響平平。

　　後來有了原創標誌資格後，為了申請原創，他又把這篇文章重發一遍，並且把標題改了，加了點「情緒」，〈一句噁心了我 20 年的管理名言：人品比能力更重要〉，結果閱讀數迅速飆升，很快破萬，媒體轉發分享幾十次。內容沒變，第二次發的閱讀數，居然比第一次發提高了七、八倍，這就是情緒的力量。

　　在內容行銷中加入情緒之後，成功的關鍵在於對「痛點產品＋引發情緒的內容＋適合的情境」的把握。「55 度杯」在網路上的暢銷就是個很好的例子。

　　55 度杯算是設計師集體「拍馬屁」的產物。

　　話說 2014 年，洛可可設計公司創辦人暨執行長賈偉將迎來 38 歲生日。做為一家以工業設計見長的設計公司，有

同事提議，希望能夠集大家的智慧，設計一款產品做為生日禮物送給老闆。

這位老闆也不是省油的燈，既然大夥有心要設計一款產品，那就設計一款既能解開自己心結，也能為大家所用的產品。於是，他向大夥講了自己女兒被燙傷的故事。

女兒兩歲時，有一天，賈偉和他父親都在家。女兒說要喝水，爺爺馬上就去倒，因為水很燙，就隨手放在桌上想自然冷卻。沒想到頑皮的女兒等不及了，就用手去拿桌上的碗，居然也給她拿到了，結果一不小心，碗被打翻了，隨著一聲慘叫，他和父親眼睜睜看著滾燙的熱水從小孩的臉上流到身上。

就在那一刻，他百感交集，看到自己父親滿臉難過、內疚和自責，也聽到女兒撕心裂肺的號啕大哭，他一邊要去安撫女兒並送她去醫院，一邊還要安撫自責的父親，同時心想著女兒會不會留下疤痕。如果有永久性的疤痕，那對一個女孩子來說將意味著什麼？

在那之後的日子裡，碗打翻那一瞬間的畫面時常浮現在他腦海。他希望有一天能夠發明一個水杯，讓滾燙的熱水裝進杯子後不用等很久，很快就變成溫度適宜、能立即飲用的溫水，讓自己的女兒免受傷害，也讓其他家庭能夠避免類似的悲劇。

這個發生在老闆身上的真實故事，以及他在講述故事時

的真情流露，打動了在場的所有設計師，大家決定想方設法完成老闆的心願。於是公司內部出現前所未有的合作和創新氛圍。

終於在 2014 年 10 月 30 日，首款「55 度快速降溫杯」問世。漂亮的外觀、快速降溫的功能及動人的故事，引發了用戶們的追捧，最高紀錄一天銷售 20 萬個，導致產品供不應求。在市場嚴重缺貨的情況下，許多不肖商家也乘機製造山寨產品。

2014 年 11 月 21 日，掌握到女孩子在特殊生理期需要溫水呵護的心理，洛可可在京東發起「55 度萌萌妹」的群眾募資活動，預計募資 20 萬人民幣，結果實際募得1,251,374 人民幣。後續升級產品上市後，又得到新一波的追捧，被稱為「把妹神器」。

2015 年 6 月 6 日，利用興盛的「互聯網＋」概念，洛可可推出「55 度＋」的網路熱門商品孵化平臺，宣導跨界融合，並且在當年 7 月 15 日，攜手中國保溫杯第一家上市公司哈爾斯，推出「NONOO 占座杯」。2016 年 3 月，洛可可聯合美國老牌淨水企業艾肯（Elkay）推出「55 度＋艾肯」淨水智控飲水機。

2016 年 6 月，洛可可推出「55 度＋哈密瓜」智慧奶瓶清洗機。在同年 7 月推出「55 度設計師保溫」系列，其中，男性使用的「邦德杯」京東群眾募資一小時突破 10 萬人民

幣，女性使用的「邦女郎」系列，在淘寶群眾募資一小時完成目標的 300%。

從那以後，55 度成為一個大 IP，在杯子領域不斷借助各種話題，也不斷針對不同族群設計造型獨特、顏色各異的杯子，讓喝水成為一件很有品味的事。

梳理 55 度系列產品誕生和熱賣的細節，無一不是「痛點產品＋引發情緒的內容＋適合的情境」的完美結合，洛可可公司也透過這款神器迅速名滿天下。

當然，**即使有些產品在設計和研發之初沒有關於產品痛點的考慮，也依然可以借助來自內部和外部的受眾情緒，創作能引發消費者購買的內容。**

情緒分為積極和消極，積極的情緒能夠幫助人們喚醒生理，產生激勵作用。這一點在電商（尤其是內容電商）的應用方面，取決於文字的情緒，而在終端銷售時，則取決於營業員的表現。精於消費者情緒管理的傑克瓊斯（Jack&Jones在面試營業員時，從來不把容貌做為第一要素，而是喜歡性格活潑、充滿活力的女孩。

▌你是不是一個有情緒的寶寶？

情緒化的內容是深入消費者心智的法寶。

快過年了，你一定尋思著要在這個傳統節日裡，做一些有情感、有溫度的內容來打動消費者。所以，你首先想到的

會是什麼呢？親情、鄉情、團圓、喜慶……這些元素確實是根植在老百姓心裡的情感，但是卻很難表達受眾的情緒。全民的話題，無數品牌都在跟，受眾憑什麼會被「老掉牙」的創意感動啊？

2015 年春節，支付寶發布了一組「春節六大劫」的社會化海報：春運劫、逼婚劫、紅包劫、應酬劫、面子劫、酒精劫。尤其是逼婚劫的海報，女主角被七大姑、八大姨絮叨後崩潰的表情，以及一句特實在又很貼合品牌的吐槽文案，看完真的是讓人爽爆了。然後，筆者真的把僅剩的一點錢存到了支付寶錢包……。

畫風誇張、文案直白的海報，近幾年在網路行業，尤其是電商企業中特別流行。後來不少傳統企業也積極加入。比如 2016 年 5 月，人稱「團長」的設計人陳紹團為小天鵝洗衣機策劃的「我媽說」轉型戰役，為了迎合年輕人的心態、價值觀和氣質，做了一套社會化海報和影片。透過上氣不接下氣的文案和誇張的畫面，讓「說」變得更有情緒，實則表達出對「我媽」又煩又愛的心理。

不管是畫面還是文案，這些案例都產生了一個共同的效果——放大用戶的情緒。

在碎片化閱讀的過程中，大家對於那些籠統的、不痛不癢的情感已經審美疲勞了。那些能夠引發自己情緒的內容，不僅會在社群媒體上面引起共鳴，而且還會勾起人們的消費

慾望。

　　為什麼很多人關注咪蒙，愛讀她的文章？不僅是因為她燉了一手「好雞湯」，更重要的是，她燉的都是有情緒的雞湯。她會說：「你創業你牛逼[6]啊？你弱你有理啊？」她會說：「如果善良就是縱容你們這幫傻子，我願意一輩子都歹毒下去。」咪蒙在說自己，也替讀者把那些無法說出口的情緒表達出來。

　　依靠外部事件渲染用戶情緒：跟借勢行銷一樣，情緒也可以借助外部熱門事件進行渲染。

　　2016 年 6 月，整個中國股市一片慘澹，個股創七年以來最大跌幅，眾股民集體「哭暈在廁所」。對這些人來說，有苦說不出的煩惱和鬱悶，急需借助一個話題發洩出來。這時，生活服務平臺百度糯米洞察到人們的情緒變化，借助情緒位能做了一個社會化活動，在北京某證券公司門口拉出橫布條，「炒股不如炒爆米花」，迅速在線上與線下傳播開來。藉著情緒宣洩之餘，也將很多用戶拉到了百度糯米的促銷活動中。

　　依靠內在引導用戶情緒：除了借助外部的情緒位能外，有些品牌還很善於透過挖掘自身來刺激消費者情緒。

　　2013 年，加多寶涼茶就抓住了群體的「仇富」心理，

6　編註：「牛逼」為厲害之意。

用一組海報向王老吉涼茶和觀眾示弱，在第一時間贏得了人們不分青紅皂白的情緒聲援。

「雙 11」電商大戰，神州專車和優步，百事可樂和可口可樂，沒有什麼比對戰和互相攻擊更能引發網友情緒的了。不過，有的品牌用力過猛，難免會傷到自己。

情緒是我們的主觀認知經驗，勢必要高度個人化。

2014 年世界盃期間，當各大品牌齊聚世界盃舞臺煽動大眾情緒時，手機淘寶卻另闢蹊徑，回歸與生活息息相關的品牌。從普通人的視角出發，聯繫特定的生活情境，告訴人們：「從這個世界盃開始，找回生活真樂趣。」

看似沒有跟風，卻一直使用極為個人化的文案，喚醒人們在世界盃氛圍下的原始情緒：

> 當這裡，燈光變得黯淡；
> 狂歡與慶典，失去魅力；
> 掌聲與歡呼，不再激動人心；
> 巨星和追隨者，又變回凡人；
> 勝利、失敗，顯得無關緊要；
> 大笑、痛苦、沉默、怒吼、尖叫、歇斯底里的
> 瘋狂，都變得沒有意義。
> 因為，這裡沒有你。
> 這個世界盃，你在哪裡？

製作持久的情緒化內容

　　依靠事件或者熱門話題的情緒行銷，對品牌來說並無法持久。情緒化的內容，就像塑造品牌人格一樣，貫穿日常的整個用戶溝通過程，最終成為凝聚目標消費族群的精神力量。文案、畫面、電視廣告、音樂、產品包裝……每種承載內容的媒介都是表達情緒的工具。

　　善用人物表情也是最直接表達情緒的方式。除了經常提到的表情符號，最近筆者也看到了一些新鮮玩法。比如日本企業森永乳業，就推出了一系列以小朋友面部表情特寫為主的電視廣告，透過人物哀與樂的強烈對比，將產品的情緒傳遞給觀眾，迅速刷出幸福感。

　　「我討厭酸酸的啦！」

　　「人生不能酸酸的 ！」

　　「就算不酸，菌也能活跳跳。」

　　「為家人著想就用比菲德氏菌。」

　　對一個人來說，喜、怒、哀、樂、愛、恨、情、仇、憫、鄙、敬，以及一些莫名的情緒，豐富著我們的生命。而沒有情緒的品牌，就像一個沒有生活樂趣的傢伙，總是很難挑起消費者的興趣。

▌情慾刺激：不僅是進化的原動力

　　1943 年，美國著名心理學家馬斯洛（Abraham Harold

Maslow）出版《人類動機的理論》（*A Theory of Human Motivation Psychological Review*）一書，提出人的需求或動機可以分為五個層次：生理需求、安全需求、社交需求、尊重需求和自我實現需求。從那以後，這個劃分就成為關於人類需求的最經典表述。

這五個層次之間是互相層遞的關係，即只有在低層次的需求被滿足之後，人才會逐漸考慮高層次的需求，而處在最底層的，是任何人都需要的生理需求。

生理需求是人類滿足身體各部分器官正常活動的需要，也就是人類「求生」、「求偶」的需求，即涉及人類生物意義上的生存需求。這種需求一方面是基於個體的生存需求，比如食物、衣服、住處；另一方面表現為種族繁衍的需求，具體表現為性需求等。

也正因為這種需求是最基本的需求，因此從古至今很多文字記載中都有相同意思的不同表述。比如中國古代最重要的一部典章制度選集《禮記·禮運》中說：「飲食男女，人之大欲存焉。」《孟子·告子上》記載：「食、色，性也。」

這種與生俱來的慾望和需求，是人類採取一切行動的基礎。**20 世紀印度偉大的哲學家、心靈導師克里希那穆提（Jiddu Krishnamurti）說：「對慾望不理解，人就永遠不能從桎梏和恐懼中解脫出來。如果你摧毀了你的慾望，可能你也摧毀了你的生活。如果你扭曲它、壓制它，你摧毀的可能**

是非凡之美。」

在佛洛伊德等哲學家和精神分析學家眼中，性和「色情」是驅動人的原動力。撩人的姿勢、性感的身材、情意綿綿的話語、一些帶有暗示的內容，以及那些充滿性畫面的文字、圖片和影片，都會勾起人對性的幻想和希望。

在網路界有一句話：「凡是帶種子[7]的網站，一定不缺乏流量。」再高尚、有素養的人，也有情慾需求的一面，這也是名流緋聞產生的最主要原因。即使偉大如柯林頓，也會因為與陸文斯基的醜聞幾乎遭到彈劾。

也正因為這類需求帶有如此巨大的力量，因此在社會進步的過程中，各種廠商也盡量為滿足人的此種需求去生產產品。即使產品不跟性有直接相關，也希望透過相關的傳播，增加產品在異性眼中的吸引力。

早在 1885 年，一些著名的美國菸草和肥皂製造商就在外包裝上印性感女明星的照片。時至今日，無論你打開手機或閱讀雜誌，只要是和消費有關的產品，不管是汽車、美容產品、時裝、啤酒、牙膏、飲料，都能見到「色情」行銷的影子。

1990 年代，臺灣誠品書店搬家處理過期刊物時，海報

7　編註：只要取得「種子」（seed）檔案，就能透過檔案分享程式下載各種檔案，包括影片。

的文案標題就是「過期的 PLAYBOY，不過期的性慾」，這一文案連同李欣頻的其他文案，成為那個時代的經典文案，李欣頻也因此成為華語廣告界的大師。

利用情慾進行內容行銷時，一定要把握好一個尺度，不能挑戰法律和道德底線。這方面，杜蕾斯透過最近幾年的微博行銷，樹立了良好的榜樣。

▌女性品牌要像維多利亞的祕密那樣性感

維多利亞的祕密（Victoria's Secret，以下簡稱「維密」）是美國一家連鎖女性成衣零售商，主要經營內衣和胸罩等產品。產品種類包括了女士內衣、胸罩、內褲、泳裝、休閒女裝、女鞋、化妝品以及各種配套服裝、豪華短褲、香水及相關書籍等，是全球最著名的性感內衣品牌之一。2002 年，它推出鑲嵌寶石、價值 1,000 萬美元的胸罩，更是轟動美國和巴西。

維密最初只是一間小商店，出售內衣、睡衣及女性家居裝飾品等商品。據說在維多利亞時代，女人們的裝束層層疊疊，十分嚴密，裙下的祕密自然最能激發人們的好奇心和窺探慾。借用此概念，創辦人希望自己的商店及產品能展現維多利亞時代的閨房景象，所以將自己的品牌命名為「維多利亞的祕密」。

每年，維密廣告都會吸引全世界的目光，不僅因為廣告

中挑選的豔麗女模，還加上廣告的內容。每次性感的維密廣
告發布，都會造成一時轟動。不管是在媒體管道相對單一的
20 年前，還是在資訊傳播更加發達的今天，維密時裝秀從
創辦之初，便年年登上各大報紙的頭版頭條，而這場秀也讓
女性的私密衣物登上「大雅之堂」，同時吸引了眾多非消費
族群，即男性消費者的目光。

專注性感基因做產品

　　和所有全球的經典品牌一樣，維密的創立也有一段為後
世津津樂道的故事：1977 年，畢業於史丹佛大學商學院的
羅伊・雷蒙德（Roy Raymond）想為深愛的妻子選購一件內
衣。但是在大庭廣眾下，一位男士徜徉於當時的內衣店選購
頗為尷尬，況且市面上的內衣以普通的白色棉質內衣為主，
沒有稍微「性感」一點的款式。雷蒙德嗅到了商機，馬上籌
措資金，創辦了第一家維密商店。

　　所以，維密的名字包含了隱蔽的「窺探慾」。在維多利
亞時代，女人們層層疊疊的裙束下藏的祕密是什麼？這個命
名為產品神祕感的塑造提供了空間，成為魅力、奢侈、縱容
的代名詞。

聚焦性感基因做引爆

　　環繞「性感」這一源自基因的定位，維密做的很多事情

在當時稱得上是「創舉」。比如在店鋪的布置上就極具特色：店面使用鑲木板內牆，而內飾則採用了英國維多利亞時代的復古風，淡淡的粉色裡面裝著各種黑色、粉色、紅色蕾絲，還有一些透明的睡衣。據說具體用什麼程度的粉，也是經過研究的，盡力強調維密「性感美豔」的定位。

1999 年，維密模特兒在美國最盛大的橄欖球賽事「超級盃」中場休息中，史無前例的將跑道做為伸展臺走秀而一炮走紅，吸引百萬人線上觀看。維密秀從 1995 年一直延續至今，已然成為長期持續的造勢行銷活動。每年斥鉅資打造的廣告總能輕鬆登上各大媒體頭條，並吸引了大量的用戶參與。

不管是實體的店鋪布置，還是延續多年的內衣大秀，維密始終主打「性感」；在品牌傳播上，更是傳達出一種生活態度：「穿出妳的線條，穿出妳的魅力，穿出屬於妳的一道祕密風景。」這是影響全球 30 億女性族群的「內在美學」。

突破性感基因，找新情境

在電影《港囧》中，徐崢飾演的內衣設計師徐來讓更多觀眾注意到了內衣市場。事實上，儘管維密占了 40% 的市場份額，依然有不少內衣競爭品牌憑藉差異化定位衝出重圍，甚至威脅到維密的地位。

Aerie

關鍵字：真實、年輕女性

Aerie 內衣品牌主打年輕人活潑的美式風格，提倡「自然身材」。它使用顧客做為模特兒，在廣告宣傳上避免刻意潤飾，一年前摒棄了修圖技術。品牌宣傳語為「The real you is sexy」，即「真實的妳就是性感的」，這點正中維密的痛處。維密之前曾打出的廣告語「The perfect body」（完美身材），遭到超過 1.6 億人聯名抵制，被指為是對女性身材的狹隘評判，形象一路走低。

Yse

關鍵字：小胸女性

Yse 內衣品牌由巴黎兩位商學院畢業的年輕女性聯合創立，胸罩只有 A、B 罩杯。根據小胸女性族群的需求，Yse 系列沒有厚墊、矽膠或厚海棉，而是突出女性的自然輪廓，證明小胸也可以非常有女人味。

Aerie 挑戰維密宣稱的「完美身材」，贏得了大眾支持，尤其是那些擔憂女兒身體狀況的父母。Aerie 更像是父母會帶青春期女兒來購物的地方。Yse 爭取到更細分的小胸市

場，透過鼓勵小胸女性的性感獲取市場份額。

　　面對競爭者的市場搶奪，維密僅僅固守「性感、華麗」已經很難穩固局面。除了女士內衣、睡衣及各種配套成衣、豪華短褲、香水、化妝品、相關書籍等產品線之外，維密在細分管道上做出了調整，在行銷上持續發力。

推出大尺碼內衣

　　2015 年 8 月，從不生產大尺碼內衣的維密向市場妥協，推出 XL 內衣迎合相應的消費者。根據調查，美國女性肥胖率超過一半以上，這是維密對 Aerie 威脅的一次正面應戰。另一方面，維密雖沒有將年輕少女納入核心目標群，但是針對女大學生族群推出的 Pink（粉紅）系列，在市場上頗受歡迎。

擴大品類，打造極致單品

　　此外，在 2013、2014 年，除了基本的內衣主打款之外，維密營業額增長最快的品項，一個是運動胸罩，另一個是瑜伽服系列。

　　這些都是基於社會、目標族群在內衣產品領域的新情境、新痛點而進行的調整。像維密這樣不具 CP 值的輕奢華內衣品牌，也是時候尋找除了「性感」之外，新的需求標籤和市場突破關鍵點了。

▋ 情懷引領代表的是價值和趣味

「情懷」一詞在《新華字典》裡有四層意思:第一,心情;第二,情趣、興致;第三,胸懷;第四,文學情致。這四層意思的共同點,都從感性的精神角度去描述和表達,並且有種非常文藝的意味。實際上,從詞源和演繹的角度分析,自古以來,情懷更多被用於文、史、哲的靈性範疇。

根據前面講過的馬斯洛需求層次理論,通常(尤其是在過去)情懷所對應的,至少是尊重和自我實現的需求階段。在這個階段,想要自我實現的人要嘛已經超越了生理或安全需求(不需要去考慮不存在的問題),要嘛就是為了實現個人的理想、抱負,為發揮個人潛能而對生理和安全需求不管不顧,在追求和實現自我的過程中散發的精神能量或道德表現,超越了一般人的想像,從而發揮一種引領和示範作用。

隨著社會的發展和科技的進步,愈來愈多人開始進入自我實現的需求階段。實際上,我們身邊大多數人都是有情懷的,只是這種情懷外在表現的明顯程度不一樣,或者所追求的領域不一樣。

2015年出現的史上最強辭職信:「世界那麼大,我想去看看。」也蘊含一個普通教師不甘於生活和生命的現狀,內心充滿對美好世界的好奇和探尋,嚮往詩和遠方的情懷。所以,這封辭職信一經傳播,迅速引起大多數人的共鳴,從而

成為一個文化現象和事件。當然，從小處說，如果你有任何登山的經驗和經歷，站在群山之巔眺望遠方時，面對眼前或蒼茫，或遼闊，或蔥翠的景色，內心激盪、百感交集的「念天地之悠悠，獨愴然而涕下」、「會當凌絕頂，一覽眾山小」、「我見青山多嫵媚，料青山見我應如是」等各種情緒，都可以算成是一種情懷。

　　當被用於行銷領域時，情懷所對應的主要是價值觀和趣味。這些價值觀和趣味有時候具有普世性，有時候是社會多元價值觀的一種表現，只能得到部分粉絲的認同。所以從某種意義上看，情懷行銷變成普遍性的行銷手段，和粉絲經濟的出現及行動網路時代口碑行銷的發展有直接相關。我們都知道行銷界的山寨能力和一窩蜂的習慣，因此，這也是近年來「情懷」一詞愈來愈氾濫，以及表現得很低級的原因。

　　比如自從錘子手機大打情懷牌之後，所謂對「匠心」的追求變得到處都是，甚至有一些影片公眾帳號以每天一篇文章去闡述和表達行銷人或某些企業、品牌創辦人的情懷，傳統媒體的電視訪談節目（尤其是商管類的人物採訪），也普遍聚焦企業家的情懷。一打開微信朋友圈，不斷看到各種「我為什麼放棄 ×× 去做○○」的文章。大大小小、真真假假的故事，讓情懷變成一個充滿負面意義的詞彙，不屑於此的人甚至提到「情懷」就會反感。

**　　從內容行銷的角度看，價值觀層面的情懷往往可以表現**

為三種方式：第一種是「匠心堅持」，或者用羅輯思維的說法叫「死磕」精神，表現出針對某個產品或細節堅持不懈的追求和打磨，使對這個產品或細節的體驗和功能達到極致；第二種是改變生活痛點的初心，生活中總是充滿了種種不如意和不舒服，有某些一直不為人知或者讓人無能為力的缺陷，這時有一群英雄願意耗費自己的時間和精力去嘗試改變這種現狀，比如「三個爸爸」空氣清淨機；第三種是各種勵志價值觀的組合，比如羅永浩的「剽悍的人生不需要解釋」，褚橙的「衡量一個人成功的標誌，不是看他登到頂峰的高度，而是看他跌到低谷的反彈力」等。

在情懷引領的操作層面上，有兩條路徑：一條是平凡人做了不平凡的事，從小人物或底層人物的視角展開；另外一條就是不平凡的人做了平凡的事情，比如大人物的小事情。後者這條路徑被廣為傳播的就是「歐巴馬從來沒有缺席過一次女兒的家長會」。在中國，一些企業家熱中於跑馬拉松，也多少有這個味道。

從前，我們吃的柳橙就是柳橙，買的玫瑰花就是玫瑰花，看的電影就是電影。可是今天有人會跟你說：這柳橙是由一位八十多歲、充滿人生坎坷的老人花了十年時間種出來的「勵志橙」；這朵玫瑰花代表一生只愛這一個人；這部電影承載的是情懷，是青春，是一群人的共同回憶⋯⋯。

愈來愈多的年輕消費者願意擁「情懷」入懷，並為其埋

單。我們這代人為什麼這麼需要情懷呢？

尋求情感連接

　　在這個物質過剩的年代，大家不僅在乎產品的物理屬性，還在乎產品的美感和情感歸屬。一顆柳橙，我們從小販或商店裡買了就買了，除了「等價交換」的商業行為外，沒有任何的連接點，更別提溫情了。

鑄造社交貨幣

　　我們買有情懷的稻米、住有情懷的酒店、用有情懷的手機、發表有情懷的朋友圈心情，就是不希望自己被認為是一個無趣、沒格調的人，並且試圖將自己的喜好做為社交貨幣，打造一個看起來夠有情懷的世界。這種心理很微妙，但是它在行動網路時代卻被無限放大了。

　　當情懷有了市場，自然會在商業上凸顯其價值。如何打好「情懷」牌，一批批創業者已經開始試探了。

「三個爸爸」的情懷

2014 年 10 月，「三個爸爸」兒童專用空氣清淨機在京東群眾募資，創下中國首個千萬級募資紀錄，這款產品也一炮而紅。這品牌的成功跟「情懷」二字密不可分。三個爸爸剛決定創業就拿到 1,000 萬美元的投資，其原因就是——投資人也是一個爸爸。

「使用最好的材料、最好的技術，給孩子最好的東西。」

三個爸爸聯合創辦人戴賽鷹將產品背後的精神總結為爸爸精神——品牌經營的不是產品，而是父愛。他們發現，這種父親對孩子的愛不但可以灌輸到產品裡，還可以灌輸到傳播裡。

在新品發布會上，他們沒有講自己的產品有多優秀，而是將三個爸爸為了孩子而創業的故事娓娓道來。這種父母對孩子樸素的愛能夠打動每一個人，這也是人們樂於參加群眾募資的情感起源。

褚時健：「勵志橙」成功背後的內容之道

「87 年沉浮人生，75 歲再次創業，11 載耕耘，結出

10,000 畝纍纍碩果，耄耋之年東山再起成一代橙王，傳承
『勵志』的甜，是中國人欣賞的甜。」

2015 年 11 月，團購網站「聚划算」首頁主推褚橙（褚
時健[8]）、柳桃（柳傳志）、潘蘋果（潘石屹）三款水果的團
購。前一段文字是聚划算對褚橙品牌的解讀。上線當天，褚
橙成交約 8,400 單，總計 75 萬人民幣銷量；柳桃成交 476
單，總計 4.6 萬人民幣銷量；潘蘋果成交 187 單，1.6 萬人
民幣銷量。結果幾乎是等比級數的差距。

同樣是以知名企業家命名的水果，為什麼褚橙能夠獨樹
一幟？從內容行銷的角度，褚橙既有強大的內容基因，也有
普世的行銷之道，兩者結合起來就無敵了。

強大的品牌故事形成自傳播

品牌故事我們見過很多，但真正能打動人心的很少，因
為大部分都是「造」出來的。在這點上，褚橙有著天然強大
且不可複製的故事內容基因，因為當時 87 歲的褚時健就是
這品牌最好的代言人。

1979 年 10 月，51 歲的褚時健出任玉溪捲菸廠廠長，帶
領團隊將陷於虧損的企業打造成亞洲最大的菸草帝國，用

8　編註：褚時健為雲南褚氏果業股份有限公司董事長，於2019年3月5日
　　逝世，享年91歲。

18 年時間為國家創造利潤與稅金 991 億人民幣，而他的薪水總收入竟然不過百萬人民幣。1994 年，他被評為全國「10 大改革風雲人物」，至此達到人生巔峰。1999 年，71 歲的褚老因貪汙被處無期徒刑，成為階下囚。

2002 年，在監獄勞改兩年後，褚時健因患嚴重糖尿病獲准保外就醫，活動範圍僅限家鄉一帶。回到家中養病的褚時健，選擇了二次創業：承包 2,000 畝荒山，種植冰糖橙。那時，他已經 74 歲了。

歷經艱辛，2,000 畝荒山變橙園，從剛掛果時的無人問津，到八年後風靡昆明的大街小巷。2012 年，種橙第十年，他與本來生活網合作，在電商路上一炮而紅，昔日「菸王」今日變「橙王」。

這個強大的勵志故事，讓褚橙的流行變得理所當然。2012 年，王石、潘石屹等企業家先後拜訪褚老，並在微博等社群媒體平臺進行主動傳播。媒體方面也紛紛開始關注，褚橙被大家親切的稱為「勵志橙」，而大量曝光也為褚橙帶來了第一批忠實粉絲。

主動拉攏年輕消費者

2013 年 11 月 16 日，韓寒發了一條微博：「我覺得，送禮的時候不需要那麼精準的……。」附圖是一個大紙箱，上面僅擺著一顆柳橙，箱子上印著一句話：「在複雜的世界

裡，一個就夠了。」這是韓寒所創辦「一個」App 的口號。

僅僅靠一個勵志故事的自傳播，並不足以打開市場。褚橙的內容行銷同樣遵循著一般品牌的傳播規律，需要更主動的向目標族群靠攏。

其實在 2013 年，整個褚橙團隊需要做推廣的時候，所制定的一個策略就是把「80 後」做為傳播和消費主體，並制定了一整套廣告文案和傳播素材。

比如用數字來表達個人化口感；推出個人化小包裝，而且還配上一些「走進心裡」的話語。

透過個性、幽默、娛樂的方式與年輕人互動，從而消解褚老個人故事所帶來的沉重感，籠絡更多的年輕消費者。這在 2013 年還是很少見的行銷形式。

順應時代擁抱網路

很難想像當時一個八十多歲的人，對網路仍然可以如此敏感。從 2012 年借助電商管道進入市場，到 2015 年搭上阿里巴巴這順風車，讓產品銷售更上一個臺階，87 歲的褚時健對網路有著自己的認識，他說：「電子商務是一個建立在信用基礎上的銷售模式，更需要產品以量和質贏得市場才能創造利潤。這推動我們必須認真做事，提升品質。」

2015 年 10 月 10 日，褚橙再次與阿里巴巴合作，不僅在天貓獨家開設「褚氏新選水果旗艦店」，而且把所售農產

品接入阿里巴巴的網路打假系統「滿天星計畫」，嘗試雲端生態系統農業。

「現在，互聯網和工業、農業結合在了一起，加上我們都非常用心，所以我相信我們的合作，一定會給中國農業帶來積極的改變。」對於褚時健來說，新的事物只是一個順應時代的工具，而「年齡」絲毫不會成為接受和使用這個工具的阻力。

極致的工匠之心

王石談到褚時健的時候說：「從褚老身上，我看到了中國傳統的工匠精神。」

2017 年，褚橙還未上市便遭瘋搶，最重要的原因就是——這柳橙太好吃了！

什麼是工匠精神？工匠精神在褚老身上可以說表現得淋漓盡致。

為了挑好肥料，一個八十多歲的老人蹲在養雞場的地上，把臭得年輕人都不敢碰的雞糞抓在手裡捻一捻，看看水分多少、摻了多少鋸末。而且他眼睛又不太好，幾乎要把雞糞湊在臉上！

在褚時健山上的房間裡，堆了一大疊關於柑橘種植的圖書，十幾年間他把這些書都翻爛了，書裡是密密麻麻的眉批、標注。

　　褚時健說：「有太多的學問書裡根本講不到，所以要靠不斷摸索、實踐。」他經常下到地裡跟柳橙「對話」，一坐就是半個小時，了解株距、施肥、日照、土壤和水。就這樣堅持了十數年，後來對這些知識瞭若指掌。

　　可以說，褚時健用工業的做法認真改造農業。他也建立了一整套柳橙種植的工業化體系。北京大學光華管理學院客座教授黃鐵鷹和其團隊在《褚橙你也學不會》一書中感慨，褚時健從年少家貧時開始釀酒，到後來製糖、產菸、種橙，每做一個產品都遠超同行。

4

有趣才是正經事兒

○

你若端著，我就無感；不裝逼大家還是好朋友；有意思才會有意義。社
群媒體的迅猛發展及年輕一代的崛起，正在重新定義我們所生活的現實
世界，在塑造我們溝通語境的同時，也在塑造新的時代精神。相應的，行
銷內容也開始更多的融入故事和場景，內容的有趣比內容和資訊本身更重
要。

●

▎我們都是聽故事長大的孩子

　　2015 年,「學術超男」易中天宣布從廈門大學退休。那個時候,他的一舉一動、一言一行都會被記者追捧和放大。而時間倒推到 2005 年之前,做為廈門大學的一位教授,儘管做了幾十年的學問,也寫了 20 本書,但是知道他的人並不多,或者說他的名聲僅限於很小的學術圈。

　　2005 年,易中天受邀在中央電視臺節目《百家講壇》開講《品三國》。自從他開講之後,這檔節目的收視率節節攀升,很多人為之叫好,也有人開始質疑。不管怎麼說,他開始從一個普通的教授變成了人民的教授。後來,《三聯生活週刊》寫了一篇關於他的封面故事,稱他為「學術超男」。於是,一個學術界的明星從此誕生。從 2006 年開始,他連續四年位居中國作家富豪榜,並且在 2007 與 2008 年連續兩年進入《富比士》中國明星榜前 50 名,跟羽泉、何炅等人在同一個等級,並且有很多非常忠實的粉絲。

　　為什麼易中天能夠走紅?為什麼有那麼多的迷妹和粉絲會覺得他很帥?說他帥,帥在哪裡?用「馬後炮」的思路來分析,筆者個人覺得有以下兩個原因。

　　一方面,他用相對比較時髦的說話方式跟聽眾溝通,歷史的一些冷知識不再是角落裡積滿歷史灰塵的舊貨,也不再是一板一眼的教育和灌輸,而是對應現代語境的重新包裝和

溝通。比如他叫周瑜帥哥；他說：「『諾』相當於現在的
OK。」「清朝入關前將領們都學三國，把《三國演義》印了
一千本，發給各個將領做為內部文件。」「如果別人惹你一
下，你馬上撲上去，一口咬住，死死不放，這是什麼？螃
蟹，韓信肯定不是螃蟹。」「我被你雇用了，我是忠心耿耿
給你謀劃，如果我的主意你不聽，拜拜，我換一個老闆。」
「朝廷派人去查吳王，也沒有發現什麼大規模殺傷性武器
嘛！」「曹操第一個官職是洛陽縣北部尉，相當於副縣級公
安局長。」「曹操是喜歡美女的，他不管走到哪裡都喜歡『摟
草打兔子』，收編一些美女什麼的。」這些說法跟當時的時
事政治和熱門話題非常接近，說法也通俗易懂，並且很有親
和力，可謂雅俗共賞。

　　另一方面，他在講故事時很注意細節，也很注意挖掘那
些歷史人物的心理。用他自己的話說，他講「三國」是站在
平民的立場上，透過現代視野，運用三維結構，以故事說人
物，以人物說歷史，以歷史說文化，以文化說人性。總的來
說，他講故事在於普及中國傳統文化，引導中國老百姓，使
老百姓知道什麼是歷史，什麼是文化，什麼是人性。

　　聽眾總結易中天的「帥」，說他有舉手投足的睿智，有
字字珠璣的精闢，講完以後有豁然開朗的點撥，同時還有恰
到好處的幽默。易中天走紅以後，舉辦一次講座的出場費，
超過很多明星或當時非常著名的主持人，這就是說故事的魅

力。也就是從那時起，故事這種形式不再是下里巴人的俗物，而是雅俗共賞的藝術；故事不僅被很多電視講壇節目採用，也開始以「病毒影片」的形式在行銷界走紅。

故事的作用

故事到底有什麼作用？

其實，**從心理學的角度看，大部分人對故事具有天然的親近感，因為大部分人小時候都是聽媽媽和姥姥的故事長大的，甚至每天都會伴著故事進入夢鄉。**這個現象不分語言、不分種族，也沒有時代界線。古今中外被稱為經典或一直被傳誦不息的，要嘛是神話故事，要嘛是兒童文化，要嘛是歷史故事。**故事不僅提供了新奇的知識，而且故事構築的世界容易引發人們的聯想，給人啟發。這種啟發由於有先前進入故事的代入感鋪陳，所以會自然的引發模擬和行動。**

舉個例子，士力架（Snickers）巧克力其實也是一個老牌子，它之前的定位和現在大相徑庭。最近六、七年，它在全球的定位都叫「橫掃飢餓，找回自己」。它的行銷團隊在闡述這定位的時候表示，即使打廣告，他們也從來不用「今年過節不收禮，收禮只收『腦白金』[1]」的套路，而是會講一

1　編註：「腦白金」是創立於1994年的中國保健品品牌，因為市場行銷策略成功而成為中國知名度與身價最高的保健品品牌，本句為其知名度最高的廣告詞。

些小故事，並且從不同角度去講故事。它在中國的第一個廣告用了林黛玉的形象，然後配上「餓時就像虛弱的林黛玉，吃了士力架，然後就馬上變成自己」的影片。因為林黛玉的形象在中國家喻戶曉，以她的形象講故事，為很多人提供了一些模擬情境：在你非常餓的時候，虛弱得像林黛玉一樣，吃一條士力架，就找回了自己。

　　潘婷在泰國也拍過一個廣告片，叫《你會閃亮》（*You can shine*）。這個廣告的故事梗概是：女主角是個聾啞女孩，但是非常熱愛音樂。即使聽不見聲音，她也沒有放棄對音樂的渴望與追求，她在學音樂的過程中遭受了很多挫折，但是並沒有放棄。她經歷了種種磨難以後，最終在舞臺上大放異彩。這是一個非常勵志的廣告故事，透過這個女主角的故事，就能闡釋潘婷最後想要說的「你會閃亮」的品牌精神。

故事如何吸引人？

　　故事怎麼樣才能吸引人呢？既然它有這麼好的效果，可以從三個方面入手：一是增加故事的情感色彩；二是透過畫面感把別人帶入其中；三是強調細節，讓故事變得更加真實可信。

　　所謂故事的情感色彩，是指故事傳達出來的調性，無論講述的是人性的善或人性的惡，我們都可以用不同的口吻去表達：可以是充滿同情和憐憫的感情，也可以是客觀和冷靜

的敘述，還可以是嘲諷或憎惡的表達。

　　當有人看到或者聽到這些故事的時候，根據性格和經歷的差異，會產生不同的效果。但是不管怎麼說，這些故事都會讓人或多或少產生共鳴。

　　從另外一個角度來看，你的故事和文案裡的那些遣詞用句，決定了你在故事表述時的一些感情。例如我們說：「那個老婦人在汽車旅館。」這是很平直的一句話，甚至你會覺得這是很粗魯的一句話；但如果我們換一個說法，換幾個詞語，比如改為：「那個嬌小的老太太在汽車旅社。」仔細品味，你可以感覺到說這兩句話時，說者對於老人的感情和尊重是不一樣的。

　　再者就是故事的畫面感，有畫面感的文案比普通文案更有趣。但是創作有畫面感的文案既需要有想像力，也需要一定的文字處理技巧。我們看作家海明威在《戰地春夢》（A Farewell to Arms）裡面的一段文字：

　　　那年晚夏，我們住在鄉村一幢房子裡，望得見隔著河流和平原的那些高山，河床裡有鵝卵石和大圓石頭，在陽光下又乾又白，河水清澈，河流湍急，深處一泓蔚藍。部隊打從房子邊上走上大路，激起塵土，灑落在樹葉上，連樹幹上也積滿了塵埃。那年樹葉早落，我們看著部隊在路上開著走，

塵土飛揚，樹葉被微風吹得往下紛紛掉墜。當士兵
們開過之後，路上白晃晃，空空蕩蕩，只剩下一片
落葉。

　　這些文字並不複雜，但是營造出的節奏和意象卻具有很
強的畫面感。在這一段文字裡，時間、地點、人物、塵土、
環境、樹葉的形狀和狀態等，都似乎活靈活現的出現在你的
面前。

　　其實，我們在商業廣告裡寫一個文案或者拍一段影片，
在做腳本設計的時候，也需要寫得很細膩，也需要有畫面
感。最近其實有很多影片都是這樣。比如淘寶的「夜操場」
系列，大家可以看到它在故事形象及人物闡述上，都非常具
有畫面感。

　　故事要想吸引人，還得有細節。如果沒有細節，即使文
案再好、故事再精采，也好像一個人的五官看上去很平，沒
有稜角。這些細節需要你從生活中去觀察、捕捉，無論細節
有多小。因為只有細節才會讓人感覺到這個故事有內涵。我
們舉一個著名的案例——左岸咖啡，文案是當年由臺灣奧美
撰寫的。不論當時還是現在，臺灣奧美撰寫的那些文案都非
常精采。有一段文字是這麼寫的：

　　　下午五點鐘，是咖啡館生意最好的時候，也是

> 最吵的時候，窗外一位默劇表演者，正在表演著上
> 樓梯和下樓梯，整個環境裡只有他和我不必開口說
> 話，他不說話是為了討生活，我不說話是為了享
> 受，不必和人溝通的興奮，我在左岸咖啡館，假裝
> 自己是個啞巴。

　　你會看到這樣一段文字，配上一幅圖案，裡面有很多細節：上樓梯、下樓梯、不說話、自己待在那裡。文字傳遞出來的感覺，就讓這個故事顯得很豐滿。左岸咖啡的一系列文案都有很多細節。

　　說到細節，前段時間，護膚品牌丸美拍的影片《眼》，也是透過梁朝偉的眼神來傳達各種變換，最後講了一個故事。這個影片裡面也有很多小細節。

故事敘述的結構性技巧

　　從寫作的角度看，文學作品和電影是最會從結構層面去編排故事的，也因此才會出現很多流派，比如先鋒小說、意識流等。

　　同樣，在內容行銷的邏輯裡，說故事也有三種手段：蒙太奇、意識流和神邏輯。

　　蒙太奇是電影創作最常用的手段之一，就是透過鏡頭的切換來轉換情節和畫面。

意識流是透過自己有意識或者無意識的冥想，進行很隨性的鋪排。因為很可能不是連貫的畫面，所以這種敘述邏輯有時候很讓人費解。但是沒關係，當讀完整個故事的時候，那些被感覺和狀態堆積起來的人物形象，甚至是人物在特定情境下的心理獨白，會還原故事的情境和邏輯。

所謂的神邏輯，其實叫「鬼邏輯」似乎更合適。這是最近幾年伴隨著廣告微信文案而出現的敘述邏輯。神邏輯的慣用招數就是大反轉，在正常邏輯鋪陳之後，忽然就轉到另外的話題，這兩個話題之間乍看沒有任何聯繫，但是仔細想想，根據作者的描述，似乎又有那麼一點道理。能熟練使用這個邏輯的自媒體人很多，其中最有名的是「顧爺」，他現在的微信公眾帳號名字改得謙虛多了——小顧說藝術。他的文章通常很長，而且鋪陳的通常是一些非常冷門的藝術史知識。那些知識從專業角度出發，一般人很難區分他講的是對還是錯，但是敘述的口吻和切入的角度卻非常有意思，於是大家就不自覺的跟著他的邏輯走。但是，他會突然切換到廣告頻道，並且自圓其說的把廣告的內涵和此前的鋪陳扯上關係。很多粉絲通常會留言說他不是來看文章的，而是來看廣告的，想看顧爺怎麼從藝術扯到廣告。

故事的可信性

內容行銷的故事，和文學創作或歷史知識有較大不同。

當我們在行銷說故事時，既要展現一定的想像力，又要讓別人相信，不然不僅難以讓顧客產生代入感，甚至還會適得其反，讓受眾產生逆反心理，因為他會以為自己被當成了傻子。

故事的可信性也不是要求把內容行銷變成報導文學，只能描摹現實的情境。如果是這樣的話，故事就會變得很平淡。

故事的可信性不同於故事的真實性，哪怕是科幻故事，也要在邏輯上能夠自圓其說。所謂的可信性，主要就是指故事在它所發生的整個環境、語境和狀態裡，那些規模、態度和環境能自圓其說。比如那些好萊塢的類型電影，有些故事並不發生在人間，也不是人眼能看到的世界，甚至有不同的主題，但是依然會很吸引人，或者展現出一定的可行性。這是為什麼？

這其中的訣竅也有三個：第一個就是我們前面提到的「提供細節」；第二個就是在故事裡「適當加入一些數據」；第三個就是寫故事的時候，最好以一種「平常視角」，用反權威的態度去寫，因為讀者大部分是普通人，他們在看故事的時候，會有切身的代入感。細節我們已經說了很多，這裡暫且不提。提供數據，尤其一些符合常理的數據，會讓受眾感覺到某種真實。

▎如何讓產品像故事一樣瘋傳？

傳播只是市場的事情嗎？產品怎麼才能自帶傳播力？

我們聽說過「讓內容瘋傳」、「讓故事瘋傳」，但卻很少聽到「讓產品瘋傳」。因為在大多數人看來，產品只是產品，傳播是市場、品牌應該做的事情。真的是這樣嗎？

錘子科技產品總監朱蕭木[2]曾說過這樣的觀點：「產品設計是輔助行銷傳播的。做為一個產品經理，你在設計這款產品的初期就要想到，這款產品該怎樣在新的互聯網時代傳播。而不是做一款自己覺得非常好用的產品就可以了，然後讓市場部的同事去想怎麼推廣這款產品。我認為這都是一體化的過程。」

基於這個理念，錘子手機真的在打磨過程中很注重額外的細節，比如運用古希臘經典美學裡的「黃金比例」、漂亮的錘子便簽 App、可離線的語音系統，還有貼上「情懷」標籤的手機殼……。

這些都是超越一支手機普通功能之外的東西，為什麼要做呢？其實，其核心就是為了輔助行銷和傳播，讓產品更有故事性。否則，老羅在發布會上還怎麼愉快的賣弄呢？

人人都希望自己的產品能夠自帶傳播力，不僅是資訊科技和網路行業。但是，我們發現大多數企業的思維依然是等產品做出來了，再去找賣點與新聞點，或者生搬硬套一個故事。其結果往往讓行銷人員感到崩潰。

2　編註：朱蕭木已離開錘子科技自行創業，現為FLOW福祿電子菸執行長。

　　如何讓產品像內容或故事一樣瘋傳？對企業來說，最重要的是擁有「媒體思維」，賦予產品內容和故事。

　　產品是傳播最好的「實體社群工具」。

　　未來沒有什麼不是媒體，也沒有什麼不是廣告，產品的銷量和報紙的發行量是一樣的。所以，做內容行銷的第一步應當是介入產品本身，想辦法增加產品的自傳播力。

　　不信你去搜尋看看，日本《每日新聞》2015 年真的推出過「News Bottle」報紙礦泉水。

　　下面這個例子，說明我們除了在產品包裝上可以讓消費者呵呵一笑之外，還能想辦法挑起他們更「興奮」的情緒。

為什麼星巴克總是寫錯你的名字？

　　在國外星巴克買咖啡的時候，店員總會在杯子上寫下客人的名字。但星巴克為了給顧客留下更深刻的印象，在不影響產品品質和服務的情況下，做了件相對「反常」的事情：寫錯你的名字。

　　這種做法獲得了「意料之外，情理之中」的驚喜。一些人看到自己的名字 Jessica 被拼成奇怪的「Gessika」時，第一反應是拍下來分享到社群上吐槽：「你看，扯不扯，竟然有這種事！」但無形中達到了傳播的目的。

營造一個有故事的社群

　　增強產品傳播力的另外一個辦法，就是營造一個有故事的社群。這個社群裡有溫暖、感人或令人驚嘆的故事。

「農戶的故事」流傳千萬家

　　在「萬能」的淘寶上，有個會說故事的電商，他的名字叫劉敬文。2015 年，他獲得了淘寶頒發的「年度最佳新農人」獎。他就是維吉達尼商貿有限公司（以下簡稱「維吉達尼」）的創辦人，主打「農戶的故事」。在維吉達尼的淘寶店鋪、微博、微信上，劉敬文不斷把農戶的故事從不同角度融入產品中，一開始甚至在微博上得到姚晨、周鴻等名人的轉發分享支持，知名度迅速提升。

　　劉敬文曾在深圳《晶報》工作了六年多，是該報的公益版主編，他因為一個援疆的公益專案去了新疆。在新疆期間，劉敬文經常到農戶家串門子。2011 年 10 月，在穆合塔爾大叔家做客時，大叔說起核桃銷路不好。他聯想到很多農戶種植的水果品質和品相都好，但就是賣不出去的狀況，劉敬文連同一起援疆的幾個朋友，萌生了幫助農戶賣產品的念頭。

　　當然，這種念頭想起來容易，做起來卻很難。而

劉敬文的當地朋友兼翻譯發願辭去海關公務員的工作，要把這事當作一輩子的事業時，大家都被感動了。於是 2012 年 3 月，他們成立了維吉達尼，寓意「良心」。

2012 年 8 月，當地杏乾豐收，維吉達尼以「農戶的故事」申請實名微博。因為是公益專案，劉敬文挑選一批跟新疆有關的微博名人，逐個傳私訊請求轉發分享，最終得到姚晨、寧財神、周鴻禕等人的轉發分享，創下一週銷售 5 噸杏乾的紀錄，其淘寶店也因此直接變成「皇冠」賣家。

維吉達尼一炮打響之後，因為專案的公益性質，而且跟主要的援疆政策相吻合，因此包括湖南衛視在內的很多主流媒體開始爭相報導，關於維吉達尼及新疆農戶的故事，更加廣為流傳。

此後，維吉達尼簽約農戶、培訓農戶、跟農戶分紅的故事不斷上演；同時，每賣一款產品，會先挑選種植該產品的農民的產品。從一個個故事和圖片中，消費者感受到了信仰的力量。也因此，維吉達尼逐漸形成了「做有信仰的乾果，小時候的味道」的品牌理念。

維吉達尼不僅在網站上傳播農戶的故事，而且還想辦法強化農戶和客戶之間的互動。他們會在

句溫暖的話。很多消費者買後會給他們回信，從而形成新一輪的傳播。

不僅如此，當有消費者購買商品後在微博分享感受時，維吉達尼也會第一時間捕捉到資訊，並且與消費者進行互動。其中，有個做烘焙的客戶購買果乾回去做餅乾，然後分享到微博上，維吉達尼的團隊便留言，說農戶還沒有吃過自己果乾做的餅乾，該客戶第二天就快遞了一箱給農戶。

最近兩年，除了打造基於農戶和產品的故事外，維吉達尼每年至少策劃一個大故事：2016年，維吉達尼聯合李亞鵬等明星發起「小圓棗古樹認養計畫」；2017年，發起「我到新疆去，沙漠變蜜洲」的農業群眾募資專案，1小時的群眾募資金額突破百萬人民幣，最終募得872萬人民幣，創造了農業類群眾募資專案的紀錄。

正如劉敬文在某個採訪中提到的：「一流的公司基本都帶有媒體屬性，比如蘋果公司。維吉達尼也是一個以新疆農民、生態農業和農產品為主題的垂直媒體，透過真實的、故事化的產品，讓消費者在增加知識的同時，充滿參與感的享用新疆農產品。」

▎消費和購買都是場景下的抉擇

「場景」（scene）本是一個影視用語，指在特定時空下，由人、物組成的畫面，置身其中能夠觸發消費者的沉浸式體驗。**場景以人為中心，注重價值交換，能引起消費者共鳴。品牌需要找到產品與場景深度連接的產品屬性，為消費者的情感寄託創造具體情境出口。**比如說：「跟他出遊的前一夜，還是糾結穿什麼。」就是一個很好的生活場景。在這場景中，內衣不再是簡單的商品，而是傳達、連接情感的載體，它承接著用戶的心情。對品牌來說，這是個機遇，可透過仔細觀察、尋找消費者在場景使用的痛點，尋找解決方案。

場景的本質和故事差不多，大的故事都是由一個一個場景串起來的。很多時候我們並不是拍一個電視廣告影片，也並不是寫一個冗長的影片故事或一篇很長的文章，可能只是寫一篇小文章，或者就是製作一張海報。但不管你怎麼寫，如果不把它寫成一個故事，沒有那麼複雜的邏輯關係，那你可能描繪的就是一個場景。如果你能用消費者的消費習慣，或者消費場景裡的那種感覺去說話，可能會讓消費者有更強烈的代入感。

任何一個場景，不管它是什麼樣的狀態，都包含這四個元素：第一個是時間點，第二個是空間感覺，第三個是當時的情景，第四個是互動的狀態。是否能夠運用好這四個元

素，也成為這個場景是否被消費者接受、是否能夠打動消費者，甚至是否被消費者瘋傳的原因。

場景轉折至少有兩種手段：一是透過動作，比如要講某兩人的關係不好，可以一個耳光甩過來，然後場景跟著切換，看上去也比較自然；二是在故事裡加入一些旁白，這種方式在情境劇或故事影片中應用較為廣泛。

其實無論場景的長度如何，它都是時間、空間、情緒、狀態的集合，無論是慾望、動作、衝動，還是變化的感覺的結合與統一。

上一章提過，天貓在 2016 年「雙 11」時做了一個號稱宇宙級的邀請函 H5，把整個購物環境，用激進式的、令人想像不到的、有趣的方式表達出來，然後配上文案，被瘋傳一時。

京東也是這方面的高手。京東的很多文案，一是有深刻的消費者洞察，二是表現形式十分新穎。尤其是在 2013、2014 年，京東和天貓、淘寶競爭的時候，淘寶突顯的是它的低價和產品種類繁多，而京東由於擁有良好的物流體系，送貨速度會比較快。為了表現這方面的優勢，京東出了幾款海報，主題是「不光低價，快才痛快」。這幾款海報分別設計了不同的場景，比如你買一個刮鬍刀，在別的商家買，送到時你的鬍子已經長得很長了；你想買防晒乳，結果已經從外面渡假回來了才收到防晒乳，而你渾身除了戴墨鏡的地

方，全都被晒成了黑色。這一系列的海報既誇張又非常場景化，非常有趣。把這個場景帶進去，也得到了非常好的傳播效果。

知乎這兩年不僅在做內容，也在做一些自己的推廣。2016 年，知乎把它的社會化行銷團隊也改成內容行銷團隊。知乎之所以這樣做，是希望自己的品牌不僅在平臺上，而且對外也能產生一些有趣的內容。知乎會採用一些場景化的海報，比如吵架的場景，你就會聯想到，有可能某人在家裡跟另一半或跟女朋友吵架了，下面的主題是什麼，先看知乎。這樣的海報會讓你腦海裡產生一些場景化的聯想。

我們的思維長期聚焦於產品本身，往往忽視產品的使用情境。不同的場景體驗可重新定義不同的生活美學，不同的場景訴求可呈現不同的消費者群像。從連接你我的外送服務連咖啡到全聯超市的經濟美學，它們努力定位的不是一個產品，而是一種生活方式、一種價值觀。那麼該如何尋找品牌在生活中的場景呢？在此借用《場景革命》裡的一個公式：

產品的功能屬性（inside）＋連接屬性（plus）＝
新的場景體驗

說到底，人都是環境的孩子。

▎ 航班管家的場景化行銷

航班管家 App 推出之後，在長達兩年半的時間內，市場上幾乎沒有相似的競爭對手，在中國甚至一度被蘋果公司做為重點主推的 App 之一。借著蘋果手機的東風，到 2010 年年底，航班管家的用戶從起步時的七萬多，一路飆升至近 100 萬。

隨著攜程旅行網等競爭對手的進入，因為沒有充足的預算，航班管家將推廣重點集中到線上。當時，以小米為代表、主打線上的手機廠商風頭初現，航班管家盯上了網路公司及手機廠商的應用程式商店，第一批進入了小米應用商店。

就這樣，到 2015 年，小步快走的航班管家仍積累了超過 1 億用戶。其中，每日活躍用戶總和達到 200 至 300 萬，每日交易用戶達到 30 萬，全年交易額超過 150 億人民幣，機票收入僅占很小的一部分。

由於經常乘坐飛機的都是社會上有影響力、有消費能力的族群，他們在社交領域也比較活躍，對周圍的人有足夠的影響力，當自己的需求得到滿足之後，會樂於分享給其他人。因此航班管家所累積的客戶品質非常高。

關於航班管家的場景式服務，其執行長王江曾經有個解釋：「我們的服務是基於場景出發的，用戶買票生成訂單，之後會按照時間串行的順序，依次解決退改簽、出發訂車、

查看航班狀況是否正常、到達目的地後該做的事情等一系列需求。攜程的這些服務是並行的，把所有選擇都放在用戶面前，相當於中餐，把菜鋪滿一張桌子。我們的產品看起來就簡單很多，是西餐，一道接一道的吃。」

　　憑藉以時間串行為原則形成的特定場景，航班管家便能在恰當時機向用戶推薦貼心的「提示」與應景的「好貨」。例如「旅行服務」區塊已經接入了積分商城，其中包括五星級酒店預訂、藝龍平臺酒店預訂 App、機票直銷、伙力·飯局、伙力·專車等周邊服務 App。

　　2016 年 5 月，航班管家推出「伙力·飯局」，為旅行者提供在當地人家吃一頓飯的機會。每個飯局可以有一個主題，根據興趣、愛好等匹配主人和客人。張羅飯局的是「主人」，前來做客的是「客人」。「伙力」平臺負責建立審核和點評平臺，以此保證飯局的安全和有趣。

　　航班管家力求做到場景化購物。你坐飛機從北京出差回家時，會收到航班管家的通知，問你是否需要買全聚德烤鴨做為禮物。然後，這個禮物很快就會送到你家，省去你的時間和精力。

　　航班管家團隊對每個場景服務都進行了有針對性的資料分析。他們知道用戶如何消費、如何出行，透過分析抓住這些高品質的消費用戶，抓住他們的消費場景，並依據這些進行場景電商的變現。

　　航班管家的用戶本身就是高端優質的族群，追求品質生活，崇尚生命的尊嚴。因此，航班管家在活動推廣中，也始終把握客戶的心理和個性期待。比如推出「做自己的主」系列廣告，從前面提過的「4 小時後逃離北上廣」到「3 萬英尺的光合作用」主題活動。這些活動除了個性突出外，還始終緊扣用戶的生活和消費場景。

　　2016 年 9 月 20 日，航班管家聯合藝人趙又廷，共同宣布即日起到 22 日，將在北京和上海兩座城市的機場，為即將登機的出行者提供紙筆和信封。領到紙筆和信封的人，在飛行途中可以親手寫完一封信，並在抵達之後交給航班管家。

　　從 2016 年 9 月 23 日開始，在北京和上海兩座城市機場出發的人，都可以找到航班管家的工作人員領取信件，在接下來 3 萬英尺高空的飛行中，完成回信。那些寫信、寄信的人們，可以在這個過程中分享喜悅、治癒哀傷、吐故納新，完成正負能量的轉化、相互勉勵。這項活動不僅實現陌生人的趣味連結，而且加強了用戶的黏著度和好感度。

▍有意思才會有意義

　　現在有兩句話大家講得比較多，認同的人也比較多：第一句是「如果你不裝逼[3]，我們還是好朋友」，第二句是「你

3　編註：「裝逼」為假裝自己很厲害之意。

若端著[4]，我就無感」，這兩句話說的其實是同一個意思。所有東西要想吸引別人的注意，首先要讓它變得有意思，有意思才會有意義。

　　現在，「90 後」、「00 後」逐漸成長起來。他們的生存環境或成長環境，自然跟我們以前的一些消費者不太一樣。他們在一種相對比較寬鬆自由、幽默搞笑的語境裡成長。如果你用很嚴肅的方式跟他們溝通，可能就達不到想要的效果。在文案創作時，有一個關鍵字叫「網感」，**什麼叫網感？根據筆者的理解就是三點：第一點是很真實；第二點是接地氣；第三點是具有幽默感，總體上比較娛樂、輕鬆。**

　　比如「推拿大師」的一些文案：「世界的味道是什麼樣的」、「推拿的味道是什麼樣的」、「大師的味道又是什麼樣的」，然後下面配上一個李小龍的頭像，接著就推播「推拿大師」。再如松下電器推銷它的掃地機器人時，也一掃以前那種高品質的或冷冰冰的高冷感覺，它的兩個文案很有意思：第一個的大概涵義是小心肝、小寶貝、小親親、小甜心都是戀愛中的男人對女人的暱稱，但如果結婚以後，女人就會變成「黃臉婆」的代言人；第二個的大概涵義是女人做早飯、做午飯、做晚飯，然後洗衣服、洗碗、洗水果，不及婆婆一句「地怎麼還沒掃完呢」。透過這些文案，再配上一個

4　編註：「端著」為擺架子之意。

掃地機器人，就把機器人的重要性顯示出來了，顯得很有意思。又如小茗同學冷泡茶，因為它的目標族群是青少年，所以文案非常接地氣，用的也是那些讓你覺得有些好笑的語句。比如說：「讓你嘗嘗俺的厲害。」「搜羅一下，望你三思而行。」「我要給你點兒顏色看看。」這些話其實在傳統廣告或文案裡不會用到，並且很多上了年紀的人也不會接受這樣的說法。但是，年輕人喜歡在這樣的語境裡交流，透過一些比較有意思的方式展現自己。

　　娛樂的最高境界是「群毆」，綜觀這幾年行銷傳播的經典案例，其實都或多或少跟借勢有關。比如當年的阿里旅行，在推出其「去啊」品牌時，舉行了一個發布會，核心文案是：「去哪兒不重要，重要的是去啊。」其實是想針對它的對手「去哪兒網」。去哪兒網馬上做了回應，而一些旅遊品牌也就跟在後面開始起鬨了：

　　　　去哪兒網：人生的行動不只是魯莽的「去啊」，沉著冷靜的選擇「去哪兒」，才是一種成熟的態度。
　　　　同程旅遊：無論是隨性的「去啊」，還是糾結的「去哪兒」，我們始終與你「同程」。
　　　　我趣旅行：旅行的態度不是「去啊」，旅行的意義不在乎「去哪兒」，讓爺玩 High 了，才叫「我趣旅行」。

　　週末去哪玩：一年中有 52 個週末，更好的放鬆才能最佳的工作，因此「週末去哪玩」才是你的日常所需。

　　攜程自駕遊：旅行的意義不在於「去哪兒」，也不應該只是一句敷衍的「去啊」，旅行就是要與對的人「攜」手同行，共享一段精采旅「程」。

　　在路上：不管你是隨性的「去啊」，還是冷靜的選擇「去哪兒」，旅行終究是要「在路上」。

　　各家都把自己的產品特色融合進來。而「驢媽媽」旅遊網雖然出來得比較晚一點，但是文案也比較巧妙：「不管你『去哪兒』，關鍵是得聽媽的。」然後配上一個母親的圖片，這個圖文搭配雖然晚了一些，但是很有趣。

　　這種帶有「群毆」性質的內容大戰在汽車行業更為普遍。其中，比較著名的是 2015 年由吉普（Jeep）帶頭的「山丘體文案大戰」，以及 2016 年賓士最新 E 級新車上市的「過 5 關斬 6 將」海報引起的「大戰」。

　　「山丘體文案大戰」源於 2015 年 1 月，吉普汽車再度冠名贊助李宗盛的演唱會，為了配合演唱會宣傳，推出了「每個人心中都有一個 Jeep」系列海報。這系列海報借助李宗盛 2013 年推出並持續走紅的單曲〈山丘〉，在文案方面一語雙關的把福斯、BMW、賓士都攻擊了一遍，結果遭來多家車

企的反擊。

　　吉普針對德國三大汽車品牌創作的海報文案分別是：
「『大眾』[5]都走的路，再認真也成不了風格。」「即使汗血
『寶馬』[6]，也有激情退去後的一點點倦。」「人生匆匆『奔
馳』[7]而過，就別再苦苦追問我的消息。」

　　這三大車企當然不是省油的燈，看到這些海報之後，分
別在類似的海報排版格式下，把畫面和文案做了調整，並且
以〈山丘〉為本，進行了幽默風趣的回應。

　　BMW 說：「悅過山丘，才發現你已跟丟。」賓士說：「越
盡山丘雪峰，才發現你們都已回家大修。」福斯回敬：「有
人追求風格，有人已有格局。越過山丘，你們還未成熟。」

　　三大車企回應後，大家覺得很好玩，並且透過行銷圈和
部分主流媒體的報導，傳播力已經超越汽車圈。因此，其他
汽車品牌也不甘心的一窩蜂擁了上來。斯柯達（Škoda）說：
「何必不知疲倦的翻越每一個無人等候的山丘，一起野，才
兄弟。」荒原路華（Land Rover）也戲謔的講：「越過山丘，
才發現你已掉進溝。」混合動力的凌志（Lexus）在調侃吉
普的同時，又突出了自身的優點：「越過山丘，才發現你已
沒油。」連當時還沒在中國上市雪佛蘭（Suburban）也來湊

5　編註：大眾是福斯的中國譯名。
6　編註：寶馬是BMW的中國譯名。
7　編註：奔馳是賓士的中國譯名。

熱鬧：「越過雪峰，才發現你們還在山丘。」奧迪（Audi）赤裸裸的往自己臉上貼金：「越過山丘，才發現你沒Quattro[8]。」豐田（Toyota）越野說：「越遍山丘雪峰，才發現你們只會忽悠。」

　　2016 年，賓士 E 級新車上市時，一款關公手提青龍偃月刀、騎赤兔馬的海報在微信朋友圈傳開，其中的文案是「過 5 關斬 6 將」。由於賓士 E 級和 BMW 的 5 系列、奧迪 A6 是競爭對手，因此，「過 5 關斬 6 將」的說法直接讓人聯想到其對手品牌。有了前面的混戰經驗，BMW 和奧迪也就拍馬迎戰。奧迪的文案是：「群雄逐鹿，『奧』視天下，豈可輕『迪』。」BMW 則是：「大『E』失荊州，失『E』走麥城，無寶馬，不英雄。」諧音雙關不僅嵌入了三國關羽敗走麥城的典故，而且把賓士標誌變大的事也順帶嘲諷了一下，可謂運用得很妙。

　　在豪華汽車三大品牌混戰的同時，其他各路對手也不甘寂寞，躍馬加入戰局。同一等級的凌志說：「所謂英雄『E』路貨色，混戰時代絕不『雷』[9]同。」林肯（Lincoln）說：「騎赤兔，失『E』走麥城，『奧』悔不已，不如行林肯之道。」凱迪拉克（Cadillac）說：「戰五虎，切莫一『E』孤行，所

8　編註：「Quattro」是奧迪四輪傳動技術的註冊商標，一直以來也是奧迪宣傳的重點，性能方面有過人之處。
9　編註：中國將 Lexus 譯為「雷克薩斯」。

有的偉大，源於一個勇敢的開始。」無限（Infiniti）說：「過
5 關斬 6 將，大『E』失荊州，失『E』走麥城，論『英』雄
『菲』[10] 我莫屬。」

　　在混戰中，各個品牌的個性和特點得到進一步加強，而
所有品牌的睿智反應也整體擴充了傳播內容的邊界，從而形
成堪稱經典的聯合行銷。

▍ 淘寶是如何取悅年輕人的？

　　從 2015 年 3 月的「放膽去」到 8 月的「獨立上身」，再
到 2016 年 3 月的「看我」，「萬能」的淘寶連續三季拉著一
群「網紅」愈玩愈嗨，把淘寶「新勢力週」打造成一場又一
場互聯網時裝週。

　　淘寶新勢力三季主題、畫風和海報雖然不同，但針對的
族群都是「90 後」，主動迎合年輕族群的文化和偏好，並且
描繪的人物個性愈來愈鮮明，愈來愈標新立異，企圖碰到
「90 後」的敏感點。

　　2016 年，淘寶集結 89 名「90 後」一流網路公眾人物，
肖驍、艾克里里、張皓宸、蔣方舟、王嫣芸、吳倩、
SNH48、張大奕、大喜……浮誇的鏡頭，乖張的腔調。有人
欣賞，也有人討厭，認為：你們這些小圈紅人，憑什麼代表

10 編註：中國將Infiniti譯為「英菲尼迪」。

我的品味？

　　還好，這次淘寶沒有刻意給「90後」貼標籤，而是留了空白讓大家自己貼標籤。

　　不管「90後」買不買帳，從話題討論量和百度指數上看，「剁手黨」們終究還是沒忍住不買。

乘著「網紅經濟」的東風，增加話題感

　　「網紅」一夜間成了各大平臺爭搶的香餑餑[11]。在 papi 醬之前，網紅大多是淘寶店家的代名詞。他們的共同點是擁有獨立經營店鋪的許可權，以及很強的粉絲變現能力。

　　「網紅」概念被普遍化後，淘寶倒是可以「一箭雙雕」：一方面可以在淘寶平臺將上新貨的主動權讓出，轉移到淘寶網路紅人手上；另一方面可以集齊各個領域的網紅（意見領袖），發出一個個特立獨行的鏡頭，讓「90後」讚賞或吐槽。

　　比如廣告的開場白一上來就是：「他們說，第一句要好看，不然沒人看。他們是誰？管他是誰！你只管好好看我。」

　　這句點出主題的問候，觸動了一些網友的神經：「看你？你算啥！」

　　對此，淘寶方面也做出了回應：「能被『90後』罵一句，也是好的，總比他們什麼也不關心來得強。」這種心態也正

11 編註：「香餑餑」指非常受歡迎的人或很搶手的事物。

符合「90 後」的品味。

《90 個「90 後」的好奇心》

由淘寶新勢力週與好奇心日報共同合作完成的《90 個「90 後」的好奇心》影片，內含 9 個犀利問題，可以讓你看看「原汁原味」的「90 後」。形形色色、稀奇古怪的年輕人，加上網紅這群不可不談的人物，組成了符合想像又意想不到的「90 後」。而且，這影片看起來比淘寶主推的電視廣告要真實一些。

突破傳統的溝通管道，打入「90 後」吐槽陣地

從傳播方式上看，這次活動沒有大量的線下推廣。淘寶官方透露，這次廣告投放的清單上沒有傳統媒體，連優酷、愛奇藝等個人電腦端都被放棄了，而年輕人占比較高的行動端 App 則是投放重點。

在社會化媒體上，除了參與拍攝廣告片的部分「網紅」露個臉之外，淘寶新勢力週承包了 Yang Fan Jame 這位「90 後」獨立時裝「吐槽者」五天的微博與微信，持續五天點評使用者原創的服裝風格。這樣的吐槽，你有膽參加嗎？

撕下淘寶世紀標籤：山寨、假貨

知乎上有個關於淘寶的問題吸引了近 2 萬人觀看：如何

能在淘寶買到品質高、設計感比較強的衣服？

這問題側面表達的意思很明顯，就是淘寶的衣服普遍品質不高、設計感不強，這也是淘寶一直以來最大的「痛點」之一。「山寨」、「假貨」已經成為淘寶給大眾的刻板印象。

淘寶新勢力週創辦三季一直在強調品質感，其出發點也是想透過宣傳來重塑淘寶在消費者心中的形象。在 2015 年秋冬季的「獨立上身」主題中，淘寶與全球排名第一的時裝設計學院——紐約時裝學院跨界合作，為 10 位設計師成立個人品牌，支持他們將設計變成商業化的成衣並推向市場。

而 2016 年打的「網紅」牌，走的依然是小眾風範和時尚風範。秀場排程中沒有我們印象中低檔的淘寶「熱賣商品」，而是隨時要參加巴黎時裝週的即視感。

沒有任何一個廣告可以取悅所有人，能夠引發「90 後」的討論和聲量，已經算成功了。

最後奉上網紅影片文案，大家可以體會一下：

> 他們說：
> 第一句要好看，不然沒人看
> 他們是誰？
> 管他是誰！
> 你只管好好看我，我會要你好看
> 你看我的眼神，定義你的品味

看我盛世美顏，美得不留顏面

清新到傾城，狂野到出位

文藝到春風十里，邋遢到不如你

別和我提歐美範兒，好好看看我的範兒

什麼？！日韓範兒

想吃石鍋拌飯

看不慣我？因為我沒慣著你啊

我一走心，就不會看走眼

我想得美，人更美

你看輕我，因為我年輕啊

我是小鮮肉，不加孜然，謝謝！

不粉紅，就去死

不完美，可還是美啊

不輕易出手，怕點讚太多

不信邪，但姓徐

不小心翼翼、不怕死、不學乖、不聽勸

噓～不要怕，有你好看的

下一秒，看我

▍傳統飲料品牌的年輕化之路

中文名：小茗同學

英文名：Classmate Xiaoming

出生地：媽媽的肚子

性別：男

職業：全職講冷笑話

性格：幽默開懷，總能輕鬆面對生活。在人群中鮮明亮眼，逗趣。

愛好：抽前排同學的椅子

口頭禪：認真搞笑，低調冷泡

　　2015 年年初，統一品牌推出旗下茶飲「小茗同學」，僅用半年時間，就迅速拿下「95 後」消費者市場。

　　難道「95 後」喜歡喝茶，而不是像氣泡飲料和維生素 C 水這樣的功能飲料嗎？

　　小茗同學的賣點顯然不是茶，而是由小茗同學折射出的情感與個性，即先前講的潛在產品理念。

　　我們可以去搜尋一下小茗同學《鬼畜篇》電視廣告，被評為魔性影片再次洗腦逗趣界，可以體會其冷萌屬性。

　　若你非「95 後」，可能領會不到此廣告的妙處──這是正常的。但是它在「95 後」群體的爆紅絕對不是偶然，取

得如此戰績，必須得有絕招。

任何成功的產品都是和時代緊密結合的產品，與時代接軌，其本質就是與消費群的深度融合，拒絕「創造」，而是發現需求並引導需求。

當下，年輕一代的「95 後」消費潛能不斷釋放，帶來了巨大的產品創新空間。對於比「90 後」還要「新新人類」的「95 後」來說，最害怕的就是單一呆板的生活，好奇、另類和新穎是他們的符號。抓住他們，也就抓住了未來的主要購買力。飲料品牌的年輕化、人格化，在國際市場上有過成功的先例。

比如日本的果汁「Qoo」和臺灣的「張君雅小妹妹」，這兩個主要針對年輕消費者的品牌在市場上的表現都非常出色，其根本賣點就是品牌本身鮮明有趣的卡通形象。小茗同學抓住「95 後」那「你若端著，我便無感」的心理，從名稱、產品設計、口味、品牌廣告語等方面，做了看似簡單卻基於深度人性化洞察的創意。

從名稱上看，「95 後」是伴隨著行動網路長大的一群人，在彈幕、小明同學、呵呵等網路新詞中成長，這款茶飲在取名上抓住了網路流行語。

從產品設計上看，瓶身上標有四個表情誇張且個性十足的頭像元素，具趣味性且色彩豐富，在風格上更契合「95 後」的喜好。

　　從口味上看，冷泡茶更加新潮，在日本、新加坡等地早已廣受認可。此次小茗同學以冷泡茶顛覆傳統工藝，使其口感具有冷泡茶獨有的甘甜滋味，以區別現有茶飲，更適合「95後」口味清淡又獨具個性的口感新喜好。

　　從品牌廣告語來看，「認真搞笑，低調冷泡」的口號更貼合另類、獨特的調性，用品牌個性詮釋產品的時尚另類內涵，引發「95後」消費群體的參與和共鳴。

　　這些細節的考量，能夠更好的和主流消費群體產生共鳴，拉近品牌與消費者的溝通距離。追尋品牌的年輕化和時尚化，是飲品企業不斷創新的一大根基，這一點在可口可樂持續兩年的歌詞瓶、暱稱瓶等行銷中，已經被不斷證實。

　　沿著這個思路，統一旗下另一個品牌「冰紅茶」請來當紅小鮮肉吳亦凡拍攝全新系列廣告「玩轉青春任務瓶」，其實也是意在把標榜「年輕無極限」的冰紅茶賣給新一代的年輕消費者。

話題互動行銷，取得階段性突破

　　在品牌年輕化的征途上，食品飲料生產企業「娃哈哈」也曾嘗試過塑造「小陳陳」形象，但貌似在市場上沒有太大的動靜，其原因可能在於互動行銷做得還不夠到位，而反觀小茗同學的話題互動真是層出不窮：

＃有一種味道只有冷泡茶知道＃

＃叔叔別泡我＃

　　上面是在產品上市前就發布兩款海報的文案，從內容可以看出其網路式的懸念行銷，吊足了網友的胃口，這方式在拉近與「95 後」群體距離的同時，也引發核心消費群體的參與和共鳴。

漸進式傳播，滲透式娛樂

　　在數位行銷技術時代，內容的表現形式不再只是文字、圖片等，只要你有想像力，可以用多種不同的方式表現相同的內容。比如基於主流網頁標準技術的各種遊戲、小型活動網站、娛樂節目、短片等。

　　以下列舉兩個小茗同學採用的娛樂行銷方式，幫助大家更具體的理解。

● 真人秀節目《我去上學了》

　　小茗同學化身霸道總裁，大手筆冠名由韓國原班製作團隊打造的明星校園體驗節目《我去上學了》。自帶「冷萌」屬性的小茗同學與《我去上學了》深度綁定，以人格化的品牌形象吸引年輕群體，借勢潛力綜藝節目直擊學生族群。節目播出後，「與小茗同學一同上學去」的概念已潛移默化的

植入觀眾心裡。

● 高品質短片的病毒傳播

　　小茗同學和「秒拍」App 合作，號召消費族群將模仿小茗同學的各種表情和動作上傳到微博話題「認真點兒，我們搞笑呢」，掀起了網友的參與熱潮。話題上線短短幾天，已經有數百個影片上傳。模仿者包括但不限於「95 後」。

　　試問，若能手捧一瓶小茗同學這麼冷萌的小夥伴，我們還在乎喝的是茶還是其他什麼功能性飲料嗎？

5

如何從創意卓越到
內容卓越

○

好的內容當然離不開卓越的創意，但卓越的內容並不一定就會有好的傳播。內容卓越的前提是持續輸出內容，持續營運內容，持續改進內容。內容行銷不是「內容＋行銷」，而是「內容Ｘ行銷」，這中間的區別和祕密在於對大數據的開發和運用。

●

▌ 怎樣才算是真正的內容行銷？

從 2016 年起，「內容行銷」如果不是最流行的概念，也必定是最流行之一，幾乎成為現象級詞彙，各種以內容行銷命名的高峰會、論壇、盛典、評獎遍地開花。因為這樣的高峰會和論壇實在太多，在此不一一列舉。

一些老牌的行銷盛典和行業評獎也開始調整獎項名稱，或者增加內容方面的專項獎。比如每年 5 月《成功行銷》雜誌舉辦的中國內容行銷盛典，從 2014 年開始變成了為內容行銷頒獎的「金成獎」；由廣告部門主辦的「中國內容行銷金瞳獎」著力環繞大中華區的內容行銷案例和個人進行頒獎；每年 11 月在全球舉辦的「金投賞獎」，也開始設立內容行銷的專項獎；由 17PR（中國領先的公共關係資訊與商務入口網站）舉辦的「金旗獎」也開始以內容行銷的名義進行案例徵集和評比；2016 年 11 月，一直關注自媒體公眾帳號的「新榜」也推出自己的以內容行銷為名的「金榜獎」；2017 年 5 月，新聞及商業社交平臺「介面」也開始推出自己的「優傳播大獎」。

如果撇掉概念上的泡沫和各種盛會點綴的浮華，可以發現除了內容行銷的重要性得到認同之外，大家對內容行銷並沒有相對統一的認識。

內容行銷經常在不同場合出現，有人試圖為這個詞彙下

定義。比如在美國，有「內容行銷之父」之稱的喬・普立茲曾經為內容行銷下過 6 次定義，其中比較簡潔也是接受度最高的是：「內容行銷是建立和傳遞有價值和引人注目的內容，以吸引現實或潛在的目標顧客的商業行銷過程，目的是促使顧客做出能為企業帶來利潤的行動。」

內容行銷還有一個比較知名的定義是：「品牌主透過所有平臺和管道產出高品質的內容，並將其推播給用戶，其中包含了關係管理、用戶價值及衡量標準，是給予用戶，而非索取。」

在中國，一般人基於條件反射和字面理解通常會這麼認為：「內容行銷就是不打硬廣告[1]，寫軟性文章，就是寫長圖文、故事、拍片等。」稍微學術一點的定義是：「內容行銷旨在創作體貼周到、有用有料，以及連續一致打中受眾核心需求的內容。」

在一篇閱讀數還算不錯，談論關於 2016 年內容行銷趨勢的文章中，作者認為內容行銷是一種行銷策略，它包含了以下要素：

1. 內容行銷適用於所有媒體管道和平臺。

1　編註：「硬廣告」指透過電視、廣播、報刊、雜誌等媒體，直接宣傳自身商品、服務的傳統形式廣告。

2. 內容行銷要轉化為為用戶提供一種有價值的服務，能吸引用戶、打動用戶、影響用戶和品牌及產品間的正面關係。

3. 內容行銷要有可衡量的成果，最終能產生盈利行為。

綜合目前大家對內容行銷概念的使用和理解，大概可以將內容行銷歸為三類。

第一類側重講基於自媒體和電商平臺的內容行銷，其主要特點和終極目標是直接透過內容來賣貨。從理論上講，筆者傾向於把這種內容行銷稱為「內容電商」。

第二類側重講基於社群媒體的自媒體創業，這一派以「新榜」為代表。這種內容行銷透過微信或微博等社群媒體的公眾帳號持續輸出內容，形成魅力人格體後吸引一批粉絲，最終透過廣告或其他形式的變現達成銷售。

第三類側重談傳統的大、中、小企業，在新的媒體和消費環境下，對傳統基於廣告思維的行銷思路、邏輯、流程和做法進行調整，從而透過持續輸出符合品牌調性和價值觀，又讓消費者或用戶喜歡並樂於互動的內容，達到促進銷售的目的。由於這類企業占中國整個企業生態主力的絕大部分，也因此，筆者更傾向於把這種內容行銷稱為真正意義上的內容行銷。

對於這類企業，**內容行銷就是在戰略層面進行設計，透過對理念、架構、組織、預算、管道和評估手段的調整，培養自己的內容行銷思維和能力，透過內容行銷完成品牌知名度、認知度和美譽度的維繫或重塑，並且最終幫助銷售。**

　　做自媒體和內容行銷不是同一個概念，一般意義上的內容創作也根本談不上是內容行銷。自古以來的詩詞歌賦，大部分是創作者挖掘自我、彰顯自我、抒發自我的產物，展現了創作者向內探索的生命張力和對外觀察的深刻洞察力，是非常個人的體驗。目前很多自營的公眾帳號作者也處於這種狀態。因此，這類內容創作的金線，可能就像馮唐說的那樣，若隱若現，如果出頭了，大家也只能夠意會。

　　而內容行銷則是一個系統，更多的是企業或自媒體出於商業目的的一種行銷行為。內容行銷從了解受眾開始，在熟悉內容分發管道、各種內容可能的表現形式和品牌自身的調性及定位之後，才開始制定內容行銷策略，然後採集、製作和發布內容，最後對內容傳播的效果進行評估，並且把評估的經驗當作調整之後內容行銷的依據。

　　因此內容行銷和普通的內容創作，在創作的出發點、創作的方法、內容的取向上有非常大的不同。內容行銷的內容創作也許會展現某些創作者的個人風格，但在更多情況下，要根據消費者的喜好和狀態去創作，在展現品牌個性的同時，也引發受眾的共鳴、關注、互動乃至於喜愛。

　　更為關鍵的是，**內容行銷做為一個系統的市場行為，其關注點不僅在於內容的品質本身，還在於對內容傳播的營運和管理。透過內容傳播的營運和管理，企業不僅能在短期內提升內容的曝光度和受關注度，而且能在長期獲得內容行銷的加成作用。**

內容行銷戰略轉型

　　對於中國目前的大部分企業而言，想擺脫原來的廣告思維，進而跨入內容行銷的行列，需要從以下幾方面入手。

　　第一，改變傳播的出發點。原本我們所講的「傳播」，現在可能會叫「播傳」。它們的差別是什麼？它們都是從企業傳出來的，但效果卻不太一樣。傳播就是在傳統廣告時代，我們拿一個東西到廣播電臺或電視臺進行大規模播放，這種方式叫傳播。現在的播傳是自己做持續的內容、最好的內容，然後讓這些內容自己產生流動的能力。內容像長了腿一樣，你只要播出去，它自己就會傳播。所以，這是出發點的改變。

　　第二，在理念上轉型，像可口可樂一樣對內容做整體規劃，強調從創意卓越到內容卓越。如果你還是想讓每個內容都要做到創意卓越，可能會非常耗時，雖然這可能是內容行銷的終極目標。其實，內容卓越並不是要求每個內容都要非常好，在整個內容行銷體系裡，它相當於一個科學，會在不

同的媒體形式、時間點、傳播角度做長期的規劃。這才是所謂內容卓越的概念。

　　第三，組織轉型。在很多企業中，市場部或公關部本身沒幾個人，落到專門寫文案層面，人就更少了，可能最多只有一、兩個人。如果做戰略轉型，那整個內容部門需要有一個發揮主導作用的人，就是我們之前一直在宣導的企業內容長。同時，需要建立一支內容創作隊伍，這可能是由公司內部現有人才組成的團隊，也可能是外面一些兼職者組成的寫手或製作團隊。總之，要有專門的人去做內容規劃，並進行內容的撰寫和營運。

　　這一點在前幾章提到的很多企業做得很好。比如紅牛2007 年就在全球成立了媒體工作室；百事可樂、愛迪達在2015 年也成立了自己的平臺；2016 年愛迪達將其一個部落格團隊 GamePlan A 變成內容行銷工作室，並希望這個內容行銷工作室生產的內容不僅供自己的品牌使用，還能像電視臺做的內容一樣賺錢。在中國也有一些做得比較好的企業，像海爾不僅官方微博做得好，而且在全集團內部有一百多人的團隊，負責打造其兩百多個微信公眾帳號和 160 個左右的微博公眾帳號。

　　第四，預算轉型。預算轉型是調整在整個投放管道與製作上的預算配比。很多時候，無論是贊助還是廣告投放，一般製作廣告本身花不了多少錢，尤其是有時候做一個電視廣

告可能最多花幾百萬至上千萬人民幣。但是，如果從中央電視臺到各地方臺鋪天蓋地的去投放，可能會花費上億或幾億人民幣。比如最典型「腦白金」的廣告，它的製作成本如果用現在的技術來看，不會超過 200 萬人民幣，但是可能在過去 20 年裡，它所花掉的投放費用說有上百億人民幣估計也不誇張。

這在未來肯定行不通，因為未來內容製作的成本會上升，需要製作的內容數量也會上升。比如廚具品牌「方太」這兩年也在內容行銷上進行轉型，做了很多影片，還曾在母親節期間同時推出多部影片。這些影片實際製作成本很高，單支的費用可能就是幾百萬人民幣。

第五，評估轉型。評估原本都是從閱讀數的角度進行，比如要求閱讀數在 10 萬以上，有一定的分享次數和討論等。而對內容行銷來說，這樣的評估關鍵指標設定是不夠的，或者說是不科學的。因為消費者跟你的互動及消費者在互動中產生的內容（也就是所謂的「使用者創作內容」），效力和效果無法估量，而這才是內容行銷的真諦。比如廣告公司「W」的創辦人裡李三水老師曾提到過，他們做的廣告片《我們的精神角落》，因為在形式和調性上有突破，播出之後在網上引起熱議。最終，網友自發的寫了六百多篇 3,000 字以上的評論。

西貝莜麵村現在對微信的閱讀數也不太關心。相反的，

它非常在乎粉絲的留言及互動，甚至很關心一些粉絲在現場消費時和工作人員的互動。它現在也推出了一個新的行銷方式，如果大家經常去西貝莜麵村吃飯，會看到服務員身上有一個「掃碼打賞」的 QR Code，打賞多少不重要，變成話題並產生互動最重要。海爾也是這樣，並不是很關注到底有多少閱讀數，但是非常重視與粉絲的互動。所以，海爾會幫粉絲找男朋友或者去撩明星等。

　　總結一下，內容行銷 1.0 就是傳統行銷，以廣告為主加內容；內容行銷 2.0 就是以內容為基礎的營運和行銷。內容行銷 1.0 的代表，大家比較熟悉的就是寶僑，內容行銷 2.0 的代表就是可口可樂。**內容行銷如果要從 1.0 向 2.0 轉型，應該從五方面著手：一是從傳播到播傳；二是價值理念從創意卓越到內容卓越；三是在組織上進行轉型，把原來可能沒有或非常小的內容創作部門變成比較大的內容創作團隊，然後給這部門一個非常清晰的定位；四是在預算上轉型，調整在管道和製作上的預算分配；五是在評估和考核上轉型，把考核指標從單純對閱讀數的考核，轉向對互動的數量及品質的考核。**

▌ 內容和行銷的關係

　　在日常的各種論壇或分享會上，很多人會問，做內容行銷時，到底是內容重要，還是行銷重要？或者更進一步說，

我們的行銷預算應該主要花在內容上，還是管道上？這個問題確實比較重要，下面我們就從幾個角度來分析一下。

沒有內容，行銷事倍功半

沒有內容的行銷，就不是內容行銷，只能稱為傳統行銷。傳統行銷是一種交易行銷，強調將盡可能多的產品和服務提供給盡可能多的顧客，顧客從中選擇並購買。這種行銷理念的特點表現在以下幾方面。

第一，聚焦產品。傳統行銷雖然主張「消費者是上帝」，但其關注的焦點仍然在自己的產品上，通常的模式是告訴消費者「我有什麼」、「我的東西有多好」、「我很優秀，你快來」，而不是為用戶考慮「你想要什麼」、「你想怎麼使用」。

第二，大打價格戰。隨著行業的高度同質化，價格競爭在所難免，於是企業為了提高銷量，不得不降低價格，壓縮利潤空間，以致賠本賺人氣。

第三，誰曝光量多，誰就能被優先購買。同質化的品牌為管道不惜花費巨大代價，無論是超市的貨架之戰，還是電商平臺的流量廣告，都是為了搶占管道，進而獲得流量。

然而，在社交網路日益發達的今天，人們注意力稀少，消費者對商業廣告有心理防線，沒有實質內容的硬廣告很容易被過濾掉。而且狂轟濫炸的廣告不僅開銷很大，對消費者也是極大的干擾，因此行銷效果非常堪憂。

沒有行銷，內容不會自己傳播

如果做出了有價值的內容，卻沒有有效推廣和投放，內容是不會自動傳播的。你至少需要做一些推廣來促進內容的傳播，從而引發連鎖的曝光效應。這主要包括內容投放、內容推廣和互動三個動作。

在哪裡投放內容主要考慮投放管道、用戶的數量和活躍度、投放的時間點，以及是否和品牌調性相符，除了精準，還要考慮互動性，透過積極回應來自受眾的回饋，幫助你進一步把握用戶需求，並贏得用戶信賴。

比如在《火星情報局》這個娛樂節目裡，一陣調侃之後，主持人汪涵突然一本正經的說道：「我們這個節目的播出時間大概是 45 分鐘，我個人覺得應該用 40 分鐘來感謝一下我們的總冠名商。」「兩千多年前就有這個品牌，在《詩經‧國風》當中就有這樣一篇，叫作『野有蔓草，零露溥兮。有美一人，婉如清揚』……。」說得觀眾都張大了嘴，紛紛表示「長知識」。「清揚」這品牌就這樣無形的融入節目，比鋪天蓋地的廣告語「去屑，就用清揚」來得高明許多。

內容行銷，要花錢但省錢

內容和行銷在某種意義上，是不可或缺的左右手。如果只有內容，就像傳統的精英媒體，它們落寞的今天給了我們最好的前車之鑑。往年十分紅的《中國好聲音》，其實也一

直在請強大的外力和外腦[2]去做節目的行銷和推廣。

當內容和行銷合體的時候，行銷開始進入內容行銷時代。相對傳統行銷來說，內容加行銷會產生雙劍合璧的成倍威力。

這並不意味著內容行銷不需要花錢，恰恰相反，因為好的內容稀有，製作好內容的人才稀有，因此，內容行銷本身的製作成本不是變低，而是變高。只不過是它帶來的好處會大大減少之後的推廣費用。如果從前內容和管道的費用比是2：8，現在只要提升到4：6或者5：5，就有可能產生比原來更好的傳播效果。

▌ 內容營運的獨孤九劍

內容行銷怎麼做？寫文案光耍聰明就可以嗎？確實，寫文案不會耍聰明是不合格的。耍聰明的集大成者，莫過於社會化行銷的「佼佼者」杜蕾斯，看似是耍小聰明，勾起人們對性色禁忌的好奇，逗個樂子，但其實內容包含著精心構思的反差、情節、趣味。

於是，不少人誤認為，內容行銷就是做個耍聰明的「文案帝」。雖然耍聰明能夠讓文案熠熠生輝，但是持續的文案生產才能夠獲得價值。殊不知，文案只是內容行銷的表達方

式之一，具體採用什麼樣的表達方式，還要考慮品牌多方面的因素。

行銷是系統行為，內容行銷的本質也是要策略先行，綜合考慮企業的價值觀，然後進行了解用戶、熟悉管道和平臺、了解內容及形式、自身優劣勢分析、制定內容行銷策略、內容採集、內容生產和製作、內容投放、效果評估等一系列的行銷行為。

第一：了解用戶

用戶需求分析包括統計學背景的年齡、性別、職業、地域分析，功能性背景的痛點、笑點、淚點分析，消費角色確定的購買者、使用者、影響者分析，消費頻率次數分析，新客戶、持續購買者、忠實客戶分析。先為自己的目標使用者準確畫像，然後描述他們的需求，才能為自己制定內容計畫做準備。

第二：熟悉管道和平臺

我們都知道用戶很重要，要認真的為用戶製作產品並解答相應問題，絞盡腦汁的策劃好玩的創意。但是在此之前，我們首先要考慮，用戶在哪裡？你在什麼管道和平臺施展你的內容行銷策略，才能夠直接觸及消費者，且符合你的品牌調性和內容營運策略？根據用戶的不同需求，根據用戶畫像

的不同屬性，就可以為用戶設計不同的營運管道。

第三：了解內容及形式

《奇葩說》創辦人馬東說：「未來屬於 5% 做頂級內容的公司。」好的內容永遠是稀有的，內容表現形式也從文字到圖片到影片，甚至到虛擬實境，愈來愈多樣。生產和傳播的效率愈來愈高，形式愈來愈生動。內容的題材也可以別出心裁，基於社交的互動、基於標籤的導航、基於垂直型的教育，都可以成為有價值的輸出。

第四：自身優劣勢分析

根據公司的行業、產品特性和以往的公司發展歷史，充分梳理和明確公司的商業戰略定位、行銷和品牌戰略的內涵，結合公司一直以來的傳播內容和品牌形象，以及競爭對手的傳播風格，總結出自己在傳播素材、團隊和風格上的優勢和劣勢。

第五：制定內容行銷策略

針對目標受眾建立內容行銷策略，設定目標受眾、關鍵指標、重點區域、活動主題等，這些內容必須與行銷目標保持一致。

戰略目標和定位非常重要，因為它們決定了內容的製

作、推廣與評估。開始採集內容之前，務必考慮清楚想要創
造的內容類型，制定一個遵循步驟的計畫，確定想要涵蓋的
內容行銷主要話題。

　　要規劃好內容的風格，是搞笑幽默、感人、勵志，或者
科幻？另外，內容也要符合品牌調性，確保內容輸出不會為
品牌帶來反作用。

第六：內容採集

　　使用者原創內容（User Generated Content），包括使用
者的回饋資訊、互動及再創作。專業者生產內容
（Professionally-generated Content），包括專家的建議、媒體
的資訊、來自內容服務商的作品，以及做為參考的同業作
品。這些都為內容的製作儲備了基礎素材。

第七：內容生產和製作

　　具體的內容生產過程，也就是創意的落實過程，可以由
內部員工執行，發現創作人才，給予培訓指導，並組織人
力、物力有效推進，這是最經濟的做法；也可以把創作內容
的主要任務交給用戶，比如手工製作、影片徵集、文案大
賽、徵集撰稿人、海報產生器等，以用戶的創作來構成內
容，這樣不僅節省成本，還能增加與用戶的互動。

　　除此之外，內容服務商根據需求製作內容，可以保證內

容生產的專業性和品質。不要總想著要創作出「完美」的內容，所有內容都不可能盡善盡美，保持內容的穩定性才是最重要的。

第八：內容投放

內容投放需要把握好資料內容、投放範圍及投放精準度等幾個要點，爭取獲得最大的曝光傳播。

當然，在控制投放的精準度上，還要考慮在什麼管道和平臺上施展內容行銷策略，比較符合品牌調性和內容營運策略。根據用戶的需求不同和用戶畫像的不同屬性，可以採用不同的管道和平臺。觀眾想要在這個管道和平臺上看到什麼特定類型的內容？這個管道和平臺的基調是什麼？都需要仔細考慮。

第九：效果評估

觀察內容帶來的流量。比如內容如果是關於品牌投放，那它的關注度如何？有沒有帶來瀏覽次數和互動的大幅增加？如果內容是關於產品的，那它有沒有帶來潛在客戶名單的增加？透過觀察收集到的潛在客戶名單、註冊數、申請免費試用產品的潛在客戶資料，可幫助我們追蹤特定話題或內容的效果，以便衡量哪種類型的內容最有效。

哪種管道能為你帶來更多的瀏覽和關注？研究那些正為

你帶來流量的網站，並進行對比，能幫你決定使用哪種管道來推廣，是比較符合你的品牌調性，或者比較有效的。

IBM 是如何打造智慧內容社群的？

「我們知道 IBM 是非常複雜的技術性公司。然而，儘管我們賣的是複雜的東西，但我們試著用一個非常簡單的方法來談論它，並且希望人們與 IBM 品牌溝通起來。」IBM 品牌內容及全球創意副總裁安·魯賓（Ann Rubin）這樣說道。

1911 年誕生的 IBM 到現在已一百多年了，做為一家 B2B[3] 企業，IBM 的內容行銷被稱為「教科書級」的。就像魯賓說的那樣，他們相信「簡單的東西可以創造很大的價值」。

近幾年 IBM 究竟用過哪些內容行銷策略？下面筆者為大家梳理一下。

I'm IBMer——借助員工的力量

IBM 的內容行銷最令人稱道的一點就是「善於借助員工的力量」。首先，IBM 能夠用內容行銷的方式，把內部行業專家轉化成外部認可度高的專家，然後透過這些外部認可度高專家的影響力，為公司帶來業內知名度，最終拓展銷路。

3　編者註：「B2B」為 Business-to-Business 的縮寫，指企業與企業之間透過私人網絡或網路，進行數據資訊的交換、傳遞，開展交易活動的商業模式。

　　借用現在流行的說法，就是把員工打造成個人 IP，培養很多企業內部的意見領袖。

　　但是，說起來容易做起來難。一方面，IBM 如何提升員工的積極性來生產內容？另一方面，不是每個員工都會生產內容，要知道很多「理工男」雖有想法，但很難表達出來。

　　IBM 是這麼做的。

　　透過多個培訓課程分享內容創作方法，提供學習資源，讓員工經常有和專家交流的機會。

　　員工可以有很大的創作自由度，他們的內容並不會被嚴格審核。相反，IBM 甚至讓員工以自己的視角去創作公司不予支持的內容。

　　IBM 建立了一個內部網站，員工可以在任何時間造訪，並提供自助指南。

　　還有最根本的一點，IBM 用內容行銷的方式喚起人們的歸屬感、使命感，讓他們為成為一名 IBMer 而驕傲。

　　比如 IBM 創作「我是 IBM 人」（I'm IBMer）系列內部海報，透過漫畫形式展示員工真實的工作內容。讓大家相信，IBM 可以真正影響生活、社會的各個層面，讓生命、世界變得更美好。

　　總結一下，IBM 員工至少經營了 45 個主要社群媒體和宣傳部落格。到目前為止，IBM 在 Facebook 有近 80 萬粉絲，在推特有超過 29 萬粉絲，在 YouTube 頻道有超過 10.8

萬用戶，每週定期上傳 3 部影片。

智慧地球──以人為核心

　　2008 年 11 月，IBM 提出「智慧地球」的概念。此後它做了一系列廣告，讓這個概念不只停留在口號上。

　　比如 2013 年獲得坎城廣告節戶外類全場大獎的 IBM「智慧地球」戶外看板：樓梯處的斜坡看板為提行李箱的人們提供便利，椅子看板為人們休息帶來便利，遮雨棚看板可以避雨……。

　　在做「智慧地球」宣傳推廣時，IBM 還發現夜間斑馬線識別度低，很容易被司機忽視，因此每年發生在斑馬線上的交通事故數不勝數。於是，IBM 按照孩子們的想法設計了「會發光的斑馬線」。當夜間有行人走上斑馬線的時候，斑馬線會發出白色亮光。這樣的亮度自然會讓司機看見行人而放慢車速。

　　一系列人性化的設計，是 IBM 對人的需求和生活的深刻洞察。這也符合 IBM「以客戶為中心」的服務理念，值得全世界的人為它動手按讚。

Made With IBM──與用戶直接對話

　　從 2014 年 6 月開始，IBM 接棒「智慧地球」，推出「攜手 IBM」（Made With IBM）全新廣告主題和一系列影片。

透過講故事的方式，從用戶的角度出發，告訴人們生活中點點滴滴的新體驗和新驚喜。這一些都源於 IBM 新技術帶來的改變。

例如經營博物館或娛樂設施的消費者，會對動物園的廣告有感覺；做零售業的客戶，可能看了母嬰用品零售企業樂友的廣告會有興趣。「攜手 IBM」讓 IBM 走到前面直接和用戶溝通。

此外，早些時候的 IBM 在內部刊物行銷上也極具領先性。IBM 自己出版的刊物就有十多種，其中最有名的是 1930 年代一本名為《思考》(*Think*) 的雜誌。思考不僅是 IBM 的口號，更是 IBM 的文化精髓和格言。

IBM 創造了很多故事，並珍惜每一次取悅消費者的機會。最重要的是，它並不是一直在談論自己。

「IBM 不是一間聰明的公司，但是，如果我們的故事是非常簡單的、相關的、適時的，我們就可以創造出很大的價值。」魯賓說。

▌ B2B 的 GE 內容玩得也很溜

從飛機引擎、發電設備到金融服務，從醫療造影、電視節目到塑膠，GE 是世上最大的多元化服務公司。如果要用有趣的方式介紹這樣一個龐大而複雜的國際化公司，以及「枯燥」的工業產品，筆者內心一定是拒絕的。

其實，成立於 1892 年的 GE 一開始也是拒絕的。一直以來，GE 十分相信自己的技術優勢，並堅信好產品就是最好的行銷。

不過到了 2003 年，GE 的行銷策略開始更加貼近顧客和市場。隨著新媒體潮流的來臨，GE 運用一系列社會化媒體，講用戶「容易聽」、「聽得懂」的話，用實際行動證明了「再好的產品，也需要有趣的表達」。

「不斷創造新鮮、好玩的內容，冒險進入新領域是 21 世紀做新聞的方式。」這是 GE 經過十幾年磨練而練就的獨門行銷祕笈。

玩轉社群媒體的「病毒式傳播」

做為一家提供技術和服務的 B2B 公司，GE 在行銷上的表現卻更像一家 B2C[4] 公司。**據 GE 行銷總監貝絲‧康斯塔克（Beth Comstock）估計，GE 將 40% 的預算花在數位行銷上。**近年來，GE 與一些熱門時髦的網站合作，朝著以年輕消費者為目標族群的市場進行內容病毒式傳播。

在過去幾年中，GE 特別增加了在影片行銷上的投資。透過聘請精品代理商，例如「野蠻人團隊」（The Barbarian

4　編註：「B2C」為 Business-to-Customer 的縮寫，指直接面向消費者銷售產品和服務的商業零售模式。

Group），創作了簡短但有吸引力的短片。GE 不單起用野蠻人團隊這樣的著名廣告代理，也重視小代理，因為小代理願意冒險。康斯塔克說：「野蠻人團隊非常會講故事，能將無聊的、科技的事情變成生動的故事。你不需要成為一位科學家也會喜歡上這些影片。」

活躍於各種社群媒體

社群媒體改變了 GE 和顧客接觸的方式。它在微博、Facebook、Google、Instagram、推特、YouTube 等各個社交平臺上都十分活躍。

在微博，GE 不但有自己的官方帳號，還有旗下各個業務的 7 個帳號，包括醫療、航空、智慧平臺等。GE 將自己在 Facebook 的帳號稱為「社群體驗中心」，它囊括 GE 超過 30 個官方頁面。在以女性用戶為主的圖像分享網站 Pinterest 上，GE 發表健康相關的箴言及廚房電器的照片。

巧用 6 秒短片廣告

Vine 是推特公司在 2012 年推出的影片分享 App。用戶可透過 Vine 拍攝或剪輯一段 6 秒長的短片，並將其無縫嵌入推文分享。GE 在 Vine 上可謂是品牌使用先驅者，常發布 6 秒短片，用簡單又有創意的科學小實驗帶給人們普及科學小知識。例如重力實驗、怎樣把蛋黃和蛋白分離等。

透過 Vine，GE 展現了自己深厚的科學技術底蘊，向用戶傳遞「科技簡單有趣」這一訊息。GE 還在社群網站 Tumblr 上發起一個創意徵集活動，鼓勵每個人與品牌互動，分享自己最棒的創意來得到 GE 的認可，並定期展現其精華，讓用戶很樂意接受和分享。

當嘗試新的社群媒體時，GE 會透過檢測用戶參與指標來評估該平臺是否合適。

激發用戶參與

Instagram 是一款支援多平臺的「傻瓜式相機」，以「簡單操作就能拍出高品質相片」吸引眾多用戶。你在用 Instagram 留住感動的同時，還能將作品分享給好友，相互交流。

Instagram 是成功通過 GE 檢測的社群工具之一。目前已有約 40 萬人追蹤了 GE 的 Instagram 帳號。透過 Instawalks 活動，GE 邀請部分有影響力的人進入工廠並在 Instagram 分享他們的經歷。康斯塔克說：「它讓大家看到了平時難以見到的東西。大多數人想知道事物是如何運轉的，GE 透過它來激發每個人心中的極客[5]夢想。」

5　編註：「極客」是英文 geek 的音譯，指著迷於技術的怪咖。

利用社群網站做口碑傳播

BuzzFeed 是美國一個新聞媒體網站，2006 年由喬那·裴瑞帝（Jonah Peretti）創立於紐約，致力於從數百個新聞部落格獲取訂閱來源，透過搜尋、發送資訊連結，為用戶瀏覽當天網路最熱門的事件提供方便，被稱為是媒體行業的顛覆者。

七年時間裡，BuzzFeed 借助最拿手的貓貓狗狗榜單圖，讓自己的內容風靡於社群網路，並且逐漸發展成一個盈利的內容網站。

GE 是 BuzzFeed 的頂級廣告主。GE 製作了一個品牌內容廣告，是使用小型遙控直升飛機對 GE 正在建設中的發電廠內部進行拍攝的短片。

GE 全球數位行銷和專案主管保羅·馬庫姆（Paul Marcum）指出：「我們深知，與透過廣告競價或無意間看到的東西相比，如果是好友或我們相同社群和組織的成員分享的東西，消費者會更容易接受。」

GE 的中國式內容行銷

大家可能更關心 GE 在中國的動態，GE 中國的內容行銷在 B2B 領域同樣是領先的。2013 年年初，GE 在中國市場推出四部《古典·今用》動畫片，當時 GE 已敏銳覺察到中國網友對影片內容的巨大熱情。

　　這四部動畫片各講述了中國的某項古典發明如何激發GE 的科技創新靈感。這些科技創新幫助中國構建、驅動、醫治、載運一個可持續發展的社會，為人們創造更富足安定的生活。

　　《古典・今用》動畫片分別是「造紙術篇」、「絲綢之路篇」、「蠟燭篇」、「瓷器篇」。

▎ 大數據是內容行銷的翅膀

大數據打敗內容高手

　　《大數據》（*Big Data*）一書記錄了亞馬遜的軟體工程師透過資料探勘和分析推薦，竟打敗了全美最有影響力書評家的故事。

　　早些時候，為了推薦圖書，亞馬遜聘請了一個由二十多位書評家和編輯組成的內容團隊，負責寫書評和推薦新書。他們同時負責把有特色的新書標題透過直覺式組合放在相關網頁上。這做法一度使書籍銷量猛增，於是被《華爾街日報》稱為「全美最有影響力的書評小組」。

　　亞馬遜公司的創辦人兼總裁決定根據客戶的購買喜好為其推薦具體的書籍。於是，公司工程師從累積的數據中開始探勘，哪些客戶買了些什麼書，哪些書客戶只瀏覽卻沒有購買，客戶瀏覽了多久，並且同時購買了哪些書……這些資料探勘最終形成了「協同過濾的專利演算法」。這一演算法連

同其他各種行業規則混雜的消費者情境意圖模組，可以讓推薦變得快如閃電。

在比較「電腦產出的內容」和「評論家創作的內容」所創造的銷售業績之後，編輯們不得不服氣。於是，這個金光閃閃的書評組被解散了。儘管電腦並不知道為什麼喜歡海明威的客戶會購買史考特·費茲傑羅（F.Scott Fitzgerald）的書，但是這並不重要，重要的是銷量。

2012 年 2 月 16 日，《紐約時報》刊登了查爾斯·杜希格（Charles Duhigg）撰寫的〈企業如何得知你的秘密〉（*How Companies Learn Your Secrets*）的報導。文中介紹了這樣一個故事：

> 一天，一位男性顧客怒氣衝衝的來到一家折扣連鎖店 Target[6]，向經理投訴。因為該店竟然給他還在讀高中的女兒郵寄了嬰兒服裝和孕婦服裝的優惠券。
>
> 但隨後，這位父親與女兒進一步溝通發現，自己女兒真的已經懷孕了。於是致電 Target 並道歉說，他誤解商店了，女兒的預產期是 8 月。

6　作者註：Target 中文常譯為「目標百貨」或「塔吉特」，為僅次於沃爾瑪（Walmart）的全美第二大零售商。

　　一家零售商是如何比這位女孩的親生父親更早得知其懷孕消息的呢？這裡就需要用到「關聯規則＋預測推薦」技術。

　　事實上，每位顧客初次到 Target 刷卡消費時，都會自動獲得一個專屬的顧客識別 ID。以後，顧客再光臨 Target 消費時，電腦系統就會自動記錄顧客購買的商品、時間等資訊。再加上從其他管道取得的統計數據，Target 便能形成一個龐大的資料庫，用於分析顧客的喜好與需求。

　　有了資料，特別是有了大量的資料，後面的問題就簡單了。Target 的資料分析師開發了很多預測模型，「懷孕預測模型」（Pregnancy-prediction Model）就是其一。Target 透過分析這位女孩的購買記錄──無香濕紙巾和補鎂藥品，就預測到這位女顧客可能懷孕了。而懷孕了，未來就有可能需要購置嬰兒服裝和孕婦服裝，多麼貼心的商店啊！

　　如果將這些資料跟品牌內容相結合，就不只是寄送優惠券那麼簡單，還可以透過往女生的手機或電子信箱推播一些關於懷孕的生理和安全知識，那行銷效果自然也會不同凡響。當然，這些資料的使用需要在尊重消費者隱私的前提下。

　　根據這個故事，大家編造了一些關於未來大數據串聯後的行銷故事，雖然目前看來只是個笑話，但是可以想像在不久的未來，也許故事中的一幕會變成現實：

　　　某必勝客分店的電話鈴響了，客服人員拿起電話。
　　客服：必勝客，您好。請問有什麼需要我為您服務的呢？
　　顧客：你好，我想要一份……。
　　客服：先生，煩請先把您的會員卡號告訴我。
　　顧客：16846146×××。
　　客服：陳先生，您好！您住在泉州路一號12樓1205室，您家電話是2624×××，您公司電話是4666×××，您手機號碼是1391234×××。請問您想用哪一個電話付費？
　　顧客：你為什麼知道我所有的電話號碼？
　　客服：陳先生，因為我們連線到 CRM（客户關係管理）系統。
　　顧客：我想要一個海鮮比薩……。
　　客服：陳先生，海鮮比薩不適合您。
　　顧客：為什麼？
　　客服：根據您的醫療記錄，您的血壓和膽固醇都偏高。您可以試試我們的低脂健康比薩。

顧客：你怎麼知道我會喜歡吃這種口味的？

客服：您上星期一在國家圖書館借了一本《低脂健康食譜》。

顧客：好。那我要一個家庭特大號比薩，請問要付多少錢？

客服：99 元，這個足夠您一家六口吃了。但您母親應該少吃，她上個月剛做了心臟繞道手術，還處在恢復期。

顧客：那可以刷卡嗎？

客服：陳先生，對不起。請您付現，因為您的信用卡已經刷爆了，您現在還欠銀行 4807 元，而且還不包括房貸利息。

顧客：那我先去附近的提款機提款。

客服：陳先生，根據您的紀錄，已經超過今日提款上限。

顧客：算了，你們直接把比薩送到我家吧，家裡有現金。你們多久送到？

客服：大約 30 分鐘。如果您不想等，可以自己騎車來。

顧客：為什麼？

客服：根據我們的 CRM 全球定位系統的車輛行駛自動追蹤系統紀錄，您登記有一輛車號為 SB-748

的摩托車，而且目前您正在解放路東段華聯商場右
側騎這輛摩托車。

顧客當即暈倒。

今日頭條的崛起

　　資訊平臺「今日頭條」的創辦人張一鳴，是一
個「80 後」。

　　就是這個年輕人，利用四年的時間，幾乎創造
了全球網路的一個奇蹟：他創辦的今日頭條每年
平均新增一億多用戶，平均每月新增一千多萬用
戶，至 2016 年 10 月底已積累 6 億用戶，占據了
中國行動電話的半壁江山。

　　2016 年年底，今日頭條發布消息稱獲得 D 輪融
資 10 億美元，公司估值超過 120 億美元。這家
即將跨入千億俱樂部的網路公司成立於 2012 年，
被很多人認為是 BAT [7] 以外的第四產業。業內還
有一種說法是：「互聯網下半場，全看 TMD [8]。」

　　2012 年 8 月，今日頭條上線。此時，四大入口
網站均已推出了自己的新聞用戶端產品，其中搜
狐、網易新聞用戶端的用戶規模更已經接近 4,000
萬。相對於這些裝備精良的正規軍，今日頭條就
是一個三五個人、七八條槍的「遊擊隊」，前途並

不被看好。不過也正因為它太小，或者它的路數
跟幾大入口網站有很大不同，它在夾縫中找到了
自己的生存土壤。

　　與入口網站和傳統媒體不一樣的是，今日頭條
一開始並不自己生產內容，只是內容的搬運工。
張一鳴說，他的公司沒有編輯，只有工程師，他
們透過推薦新聞來吸引用戶的注意。

　　傳統的新聞媒體都有龐大的編輯團隊，編輯從每
天抓取到的大量新聞中，按照一定的價值判斷標
準，選擇出一些所謂重要的、用戶感興趣的新聞
推薦到首頁，或者排在前面位置。

　　這種模式固然可行，但並不完美。人工推薦模
式的背後，追求的是資訊覆蓋的廣度，只有大家
都感興趣的新聞，才能為網站帶來足夠多的流
量。所以，這就意味著一些小眾的長尾資訊需求
無法得到滿足。

　　舉個簡單的例子，如果一位用戶喜歡一支乏人
問津的 NBA 籃球弱旅，那他就很難在首頁上看到
這支球隊的消息。因為放在首頁的永遠是那些戰
績最好、最炙手可熱的球隊和球星的消息。

7　作者註：「BAT」是百度、阿里巴巴、騰訊三大互聯網公司首寫字母的縮寫。
8　作者註：「TMD」是今日頭條、美團大眾點評、滴滴公司首寫字母的縮寫。

　　由於張一鳴是做技術出身，因此沒有媒體人的慣性思維。他對資訊的理解並不執著於新聞。在他的思維中，資訊是文字、圖片、影片，甚至問答、直播、評論、故事等各種形式的綜合體。既然要做資訊分發平臺，就要讓資訊所涵蓋的各種形式，都能在這個平臺找到它們的受眾族群。今日頭條平臺上的內容不斷往張一鳴理解的「資訊」方向豐富。當前受眾看到的今日頭條，更像是一個雜糅了口水化的知乎、資訊化的微博和娛樂化的新聞資訊平臺等多種形式的「怪胎」。

　　今日頭條不僅在機制和理念上跟傳統媒體有區別，而且因為它不處在和傳統媒體競爭的位置，所以也獲得這些媒體的幫助，因此用戶可以透過綁定社群媒體帳號的形式登入。一旦綁定你的社群媒體帳號，今日頭條的推薦引擎就能迅速根據你的帳號標籤、好友、轉發分享等資訊，分析出你大致的興趣愛好，從而向你推薦相對應的內容。而且，隨著演算法的不斷進化及用戶使用時間增加，這種推播也會變得越發精準。同時，用戶還可以把內容非常方便的轉發分享到自己的社群媒體帳號，這樣不僅增加了用戶的黏著度，還能形成絕佳的推廣管道。

　　於是，今日頭條就在入口網站酣戰的過程中迅

速壯大。等到入口網站和 BAT 巨頭醒悟的時候，發現它已經尾大不掉，於是開始用各種方法來圍剿，比如版權投訴、公關大戰（庸俗和色情內容、釣魚式標題）、強化自身的推薦功能等。

在反圍剿的過程中，羽翼漸豐的今日頭條開始啟動平臺內容產生計畫，成立頭條創作空間，邀請非常優秀的自媒體人入駐平臺，並且給予這些人各種形式的幫助。為了聚集有創造力的自媒體，今日頭條創辦了一個針對內容創業者的孵化空間——頭條號創作空間，邀請一些已有一定知名度的自媒體入駐。「今日頭條將提供流量扶持，還有創業補貼、融資對接、辦公空間、企業服務、創業培訓、行業沙龍等綜合服務。」2017 年 8 月，知名微博部落客爆料說，今日頭條從知乎挖走了 300 名認證大號。

2016 年，今日頭條發表了自己的創作機器人「xiaomingbot」，開始利用人工智慧進行內容生產。在奧運期間，這個機器人總計發了四百多篇新聞，閱讀數超過 100 萬。機器人只用 2 秒鐘時間寫出的文章，點擊率超過了人寫的文章。機器人寫作不是僅僅把數字填充到範本上，機器人還會自動從圖庫中選擇適合某篇報導的圖片。

CASE STUDY

今日頭條的啟示

1. 內容成為流量的入口：

　　傳統的廣告或者搜尋行銷在行動網路時代已經不那麼有效，加上手機的螢幕比電腦要小很多，因此必須透過吸引人的內容去獲取用戶的注意力。這點也可以從 BAT 的分別布局中看出端倪：阿里巴巴不僅買了很多傳統媒體平臺，而且開通淘寶頭條，同時豪擲 10 億人民幣給旗下的優視科技；騰訊發布「芒種計畫」，為自媒體創作人提供 12 億人民幣的資助；2017 年 3 月 20 日，百度宣布取消新聞源制度，轉而建立可變資訊處理（variable information processing）網站制度。也就是曾經行銷至上、不愁流量、等著外界送錢的百度，現在開始主動向優質內容示好，籠絡優質自媒體，甚至提出為優質網站服務的概念。

2. 大數據對內容生產和分發產生實質性影響：

　　普通用戶從下載 App 那一刻開始，就被今日頭條「監視」：點擊了哪些內容、一篇文章停留了多長時間、是否看完、是否評論、是否分享和收藏⋯⋯一旦連結了社交帳號，機器還能抓取用戶社交內容的關鍵字，甚至社交圈的興趣愛好進行

分析。每一個用戶打開今日頭條所顯示的頁面都會被機器抓取，分析其歷史閱讀資料後，為用戶推播專屬新聞頁面。

早在 2016 年，今日頭條就有 800 個演算法工程師、151 條訓練樣本，每天用戶請求 60 億次，透過 2 萬臺機器晝夜不停的計算各種機率，進行個人化的推薦和資料積累。

張一鳴在某個論壇上舉了個例子：在波士頓遇到一位哈佛學生，學生問為什麼在波士頓能看到長沙的新聞，怎麼知道他是長沙人？張一鳴的回答是，根據這名學生春節回家的目的地判斷他是長沙人。學生問為什麼不是所有關於長沙的新聞都能看到，偏偏看到長沙市政府引進人才的新聞？張一鳴說不會向長沙人推薦所有長沙的新聞，而是根據每個人的特點進行推薦，因為在後臺的大數據中，很多長沙在外留學的人都點擊了這篇新聞，而該學生和那些人類似，因此也將這篇新聞推薦給他。所謂普遍化不僅是你為自己推薦內容，而是人人為人人推薦內容。

> ### 3. 大數據基礎上個人化推薦成為內容行銷的理論基礎：
>
> 　　今日頭條提倡「你關心的才是頭條」，將用戶思維發揮得很好。在資訊爆炸的時代，傳統行動用戶端的繁瑣分類及一成不變的版面，難以滿足不同讀者的資訊需求。因此，建立在大數據基礎上的個人化推薦就成了必然選擇。
>
> 　　而要做到個人化推薦，就必須拋棄傳統的廣告思維，透過製作多種不同風格和個性的內容來滿足消費者的不同喜好，從而做到千人千面。

什麼是大數據？

　　實際上，大數據對內容行銷的影響遠遠不只是今日頭條所展示出來的這些。

　　大數據可以幫助品牌發現機遇，如新客戶、新市場、新規律，迴避風險，繞開潛在威脅，分析出隱藏在數據背後的用戶行為習慣及偏好，設計更符合用戶需求的產品和服務，有助於品牌行銷決策的調整與最佳化。因此，可以說大數據也是驅動內容行銷的關鍵。內容行銷需要跟大數據進一步結合，才能煥發出更大的市場潛力。

那麼，如何實現「大數據＋內容」呢？我們先來看看大數據的「大」。

在網路出現之前，人類賴以生存的數據大多呈現碎片化和結構化狀態，而且因為統計方式及保密的原因，數據之間難以打通。因此，所有適用的數據相對來說都是小數據。

網路出現之後，人類一切基於網路的行為和關係，都變成了可以解碼的數據。因此，這些混雜的數據構成了一個龐大的數據系統。這個數據系統所收集數據的數量和深度是難以估量的：從領域看，可以包括政治、經濟、文化、消費、生活娛樂等領域的數據；從數據屬性看，包括場景數據、人文數據、行為數據、關係數據、關聯數據等。尤其是行動網路和傳感技術的發展，讓數據的收集和格式標準化變得更為便捷，也擴展了數據收集的範圍和種類。比如人的位移和狀態數據、各種心理和生理的數據，這些數據配合場景的監測，讓資料探勘和想像空間變得更為豐富。一些所謂的猜想性判斷，可以透過數據分析變成實驗性報告。比如羅輯思維的脫不花有個理論：如果希望消費者付費閱讀或者轉發和分享，文章最好不要太長，因為文章會消耗消費者的激素分泌。這種經驗性論斷到底對不對，目前只能去感覺。但是透過大數據及穿戴式裝置連接的分析，未來一定可以發現消費者在閱讀和接受資訊方面，更多意想不到的行為和態度。這就給內容行銷者帶來更多關於內容生產、分發，以及不同消

費者的選擇、更具針對性的調整建議等，也會影響內容行銷的整體效果。

中國擁有嚴格意義上的大數據公司，比較科學的說法還是 BAT 巨頭建立的體系王國。三個巨頭不僅在數據的類型上各有千秋，對數據的重視程度也都非同一般。

阿里巴巴把數據做為未來的一種戰略，並在不同層面布局。馬雲更在不同場合聲稱，未來大數據會變成最重要的生產資料。除了數據收集外，阿里巴巴還在數據分析層面搶占雲端運算制高點。馬雲也曾說雲端服務會成為基礎設施。

可以說，阿里巴巴整個體系所積累的消費數據覆蓋之廣、累積之深，全球沒有任何一家公司和機構能與之相比。我們買東西後，阿里巴巴能夠輕而易舉的得到我們的購物行為和瀏覽資料，透過雲端運算分析後，進行精準的行為預測，然後進行商品資訊推播。

比如一個人上淘寶搜尋「空氣清淨機」這個關鍵字的次數是行為數據裡最高的，阿里巴巴分析出來之後，預測此人就是喜歡這個種類的商品，然後挑一些熱門商品進行推薦。

騰訊在大數據領域，擁有社交數據、消費數據、遊戲數據等，但很少有技術很強的人將其做成報告，更不會像百度、阿里巴巴那樣，主動包裝宣傳這些技術強人。但是，騰訊大數據的運用卻一直在進行。

其中，分析社交數據是騰訊最擅長的。它可以透過大數

據分析得知你的社會關係、性格稟賦、興趣愛好、隱私緋
聞，甚至生理週期和心理缺陷都包括其中。

遊戲數據和消費數據兩者之間是互通的。因為騰訊的消
費數據大多來自遊戲與加值服務。騰訊遊戲的收入十分暴
利，遊戲迷們願意付出高昂的費用來購買虛擬道具，以此滿
足自己的虛榮心。

騰訊大數據的運用，主要是為了完善自身。它了解用戶
的性格稟賦、興趣愛好、隱私緋聞甚至生理週期，透過分析
這些數據得出結果預測，而根據這樣的結果預測做出的產
品，怎麼會不受歡迎？事實上，騰訊遊戲的開發及一些產品
的改進，也正是基於這些數據分析進行的。

百度最強的是基於搜尋的各種數據，這是百度競價排
名、百度專區、百度聯盟等各種百度產品的基礎。當用戶的
搜尋行為被記錄下來後，再使用搜尋功能時就會出現一些相
關內容的廣告。同時，百度搭配的百度地圖數據，也在另外
的層面展示和積累用戶的線下行為數據。這些資料結合 LBS
（基於位置的服務）推播技術、QR Code 技術等，將會為行
銷帶來革命性的變化。在春節期間，百度根據百度地圖繪製
的春運遷徙圖，確實令人相當震撼。

大數據和傳統廣告

在傳統行銷中，大數據對於內容的影響主要展現在所謂

的「精準行銷」上，尤其是最近幾年比較流行的程序化購買。
程序化購買講究「品效合一」，能夠解決傳統廣告的一個痛
點——「我知道我的廣告費有一半被浪費了，但遺憾的是，
我不知道哪一半被浪費了。」

　　而線上的程序化購買，在某種意義上能達到廣告的理想
投放狀態，那就是在最恰當的時間、最恰當的情景下，將最
恰當的內容推播給最合適的人。

線上程序化購買達到的理想投放狀態

時間	情景	內容	受眾
在最恰當的時間	在最恰當的情景	將最恰當的內容	推播給最合適的人

　　程序化購買的第一步是先搭建和打通三方面的數據——
廣告主、流量平臺和流量媒體；第二步是根據廣告主及專業
平臺對消費族群的畫像判斷，建立測試性的投放策略，包括
投放族群的年齡、性別、收入、工作、區域、愛好、既往購
買習慣等，然後設定投放的時間和平臺；第三步是放出根據
同一類型的消費者所設計的內容和物品，透過一段時間的數
據收集和策略子項的調整及最佳化，找到適合不同族群的最
好投放策略及創意內容。

大數據和內容行銷

對大數據進行收集、探勘、分析和整理等，可以從宏觀、中觀和微觀等不同層面幫助企業的內容行銷。

● 宏觀層面的內容分發

面對網路媒體資源在數量上的快速增長和種類上的多樣化，大數據透過受眾分析，幫助企業主找出目標受眾，然後對投放的內容、時間、形式等進行預判與調配。這就類似上文提到今日頭條的個人化和普遍化推播。在阿里巴巴，這叫「粉絲爆炸」；在品友互動，這叫「族群標籤」。反正不管怎麼稱呼，其本質還是一樣的。

做生意最難的是，如何在客戶首次購買前與他建立聯繫。因為，一旦客戶購買了商家的商品或服務，便已經知道客戶的情況，可以進行溝通。相比之下，如何找到潛在用戶就顯得很重要。

相對於已經成為客戶的族群規模（一家中型電商每月可能有上萬客戶），還沒有成為客戶的族群規模（線上有幾億規模的客戶）可說非常龐大。從上億潛在客戶中找到最忠實的消費者族群，這整個過程的效率和成本就成為商家制勝的關鍵。

通常，成為某商家客戶的族群具有一定的共性。例如都是「哈韓」女大學生，或者都是近期買房的人，抑或都是在

意體重的人等。這些共同點往往在商家已有客戶中已經有所
顯現。

　　這些消費者的各種屬性和行為與全部消費者的差異，就
能凸顯出這些共同特點。利用這些共同點，透過比較全網消
費者與已有消費者客戶之間在這些行為上的相似程度，就可
以在真正的消費行為發生前找到潛在目標客戶。也就是說，
把全網消費者和商家已購消費者之間的關聯可能性進行精準
排序，透過為一小部分忠實用戶族群定性和貼標籤，系統
就可以給出最像這群人的前 1 萬人、前 10 萬人、前 100 萬
人，然後去個人化推播已經測試過、這部分人可能會喜歡的
內容。

● 中觀層面的語義分析

　　**從內容行銷的真諦看，真正有引爆力的內容創造並不總
是天才的靈感，而是有嚴密的內在邏輯可循。**在做技術的人
看來，內容的產出有一個很基礎的工作——前期測試。當你
不知道什麼樣的內容能夠打動用戶時，可以先做小規模測
試——在動用核武器之前先打兩顆子彈，以小規模投放看看
其相關轉換率如何。

　　這些資料的積累對內容創造是有指導作用的，而技術可
以解決甄選方案的難題。確定一個好的內容、好的時間點、
好的平臺有多重層面要考量：用哪個標題？主打哪張圖片？

選擇哪個區域？要素愈多，定位愈精準。但是產生的組合數量會成等比級數增長。在沒有大數據之前，只能靠操作者的經驗。但是有了大數據的幫助，這些判斷就會變得更為簡單和有效。

另外，和粉絲互動是內容營運的一個重要工作。在互動過程中所創作和產生的內容不僅具有針對性，而且還能夠未雨綢繆，防患於未然，尤其是在消費者有負面情緒或評價的情況下。

與此同時，針對全網或某一平臺的語義和情緒分析，還能夠為族群的內容創作進行提前判斷和準備，甚至可能成為是否及如何在內容層面應對的一個依據。比如在微博平臺上，現在已經有相對成熟的、針對單一品牌或詞彙的語法和情緒分析技術。

大數據語義分析的完整技術鏈有：網路抓取、正文提取、中英文分詞、詞性標注、實體抽取、詞頻統計、關鍵字提取、語義資訊抽取、文本分類、情感分析、語義深度擴展、繁簡編碼轉換、自動注音、文本聚類等。

案例 1 健康領域的語義分析

　　來自賓州大學的生物學家馬賽爾‧薩拉特（Marcel Salathé）和軟體工程師沙山克‧康德沃（Shashank Khandelwal）透過分析推特發現，人們對於疫苗的態度與他們實際注射流感疫苗的可能呈現相關性。更為重要的是，他們利用推特用戶中誰和誰相關的中繼資料進行了進一步調查，發現未接種疫苗的子族群也可能存在。

　　2011 年《科學》（Science）雜誌上的一項研究顯示，來自世界不同文化背景的人們，每天、每週的心情都遵循著相似的模式。這項研究是透過對 84 個國家 240 萬人的 5.09 億推特數據，進行了 2 年的追蹤和分析得出的。

　　隨著人工智慧和深度學習理論的發展，這種關於語義和情緒的分析在中國的應用也愈來愈普遍，幾乎每個平臺都可以透過觀察用戶對某條內容的評論、收藏，甚至根據閱讀的停留時間長短等因素，分析用戶對某類話題的興趣度，判斷並記憶讀者的興趣點，並根據用戶興趣度調整推薦資訊。

案例 2 海爾微博的語義分析

在「一品內容官」的某次線上社群分享中，海爾新媒體的總監張妍分享了「二代魔鏡」在網路上重生的故事，這個故事的內容可參見前言。

當時，細心的學員提到一個核心問題：引爆的那條微博和前後兩天的按讚評論的數據相差很大，那麼多的數據是如何做到同時第一層有效轉發分享的，是用戶傳播的嗎？

張妍女士回答說：「這一方面得益於產品所具有的黑科技特性，另一方面也借了美國國際消費類電子產品展覽會的輿論東風。更重要的是，根據前期對於海爾官方微博粉絲的了解和分析，那條簡單的微博文案其實是精心撰寫的，可謂字字珠璣。

快閃開給大家造成畫面感和緊迫感。『我廠智慧浴室』的『我廠』就是一個自我調侃，反襯魔鏡的科技感。我們還標注嗶哩嗶哩彈幕網[9]，就是借助 B 站的粉絲影響力。同時，最後的話題『魔鏡告訴本寶寶誰是網紅』善用表情的感染力和善用

9　編註：一個彈幕影片分享網站，簡稱「B 站」，是中國最大的年輕人潮流文化娛樂社群。

海爾「魔鏡」亮相 CES
微博內容

海爾《星際大戰》中登場機器人
微博內容

二次元的場域語言，讓這條微博更易傳播。

這條微博會引爆還因為在引爆前期我們進行充分的評估。我們評估它的不同管道屬性和時間段，以及在國際消費類電子產品展覽會上整個相關關鍵字的提及量和它的動態變化，然後透過用戶活躍度的分析和傳播位能圖譜選擇了本次文案。

我們發布的時間是上午九點到十點半，這是微博早高峰的時間 [10]，而美國的國際消費類電子產品展覽會是那個時段的輿論熱點。當時，我們用新媒體聯盟——75 個媒體大號同時在第一時間發力，還有微博內容的個人化、趣味化的引導交互配合。另外還有很重要的一點，這是黑科技產品，它符合海爾粉絲的調性。海爾粉絲就是二次元的、性契合。還有就是海爾品牌，因為網友對海爾的

所有與關注都匯集在官方微博，這也是它形成引爆的一個因素。

微博上午活躍峰值是在十二點鐘左右。如果我們選擇十二點發布的話，它就會很快迎來一個活躍度的衰減，所以我們必須計算好它的傳播時間及引爆的空窗期。最後，這條微博是在九點半左右發布的，正好是活躍度的井噴[11]時間。

國際消費類電子產品展覽會是一個國際性的會展，我們有一些粉絲可能不知道。但是，它其實是一個很著名的會展，能對我們整個魔鏡新生的品牌和產品知名度發揮提升的作用。所以，我們都必須借勢。

此外，還有基於用戶位置的內容推薦，包括推播所處位置的相關資訊，或是根據用戶手機所處不同位置的時長，判斷用戶對某地資訊的需求量。隨著搜尋、閱讀使用時長的增加，演算法的不斷演進，抓取分析愈到位，推薦精確度就愈高，也愈能契合用戶的需求。毋庸置疑，大數據基礎上的個人化資訊推薦，正在成為一種新的行業熱點。」

---

10 編註：「早高峰的時間」指早上的尖峰使用時段。
11 編註：「井噴」本指原油、天然氣大量從井口噴發，後引申為快速上升、增長之意。

● **微觀層面的內容發布**

　　數據的相關性不僅可以直接提升銷量，也可以把數據透過不同形式的包裝，變成企業內容行銷的素材，從而提升企業的專業形象。

● **視覺化的數據模型**

　　過去那種純粹的數據或大段文字資料，即使是整天和數字打交道的會計看著也會頭疼。現在基於視覺化的探索和實踐，讓數據本身變得鮮活起來。比如阿里巴巴與第一財經合力打造的數據財經新媒體「DT 財經」，就是透過對各種財經數據進行模型性分析，簡明清晰的揭示數據之間的關係。而且這種相關性的分析，還可以增加閱讀的趣味性。

數據新聞的生產過程

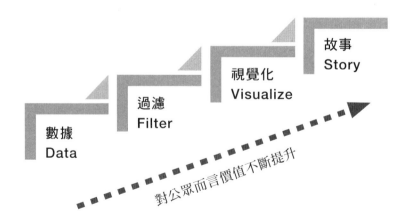

- **數據榜單**

「新榜」透過排列組合微信公眾帳號的閱讀數來顯示公眾帳號的活力，因此，不僅催生了一家盈利的公司，而且成為公眾帳號持續輸出的內容。「騰訊企鵝智庫」也依賴整個騰訊帝國的大數據資源，發布一些可以公開的數據報告，比如基於微信的用戶行為分析等，一方面提升了品牌的知名度和美譽度，另一方面也讓生態體內的各類玩家都能夠更善用平臺去獲利，從而增強平臺的活力與黏著度，樹立品牌的權威性和透明度。

- **成為故事的來源**

在〈大數據告訴你，如何在魔都捕獲一隻活的高富帥〉一文中，透過運用上海市的區域房價模型、高端辦公室模型、高學歷族群移動模型等，交叉測算出高富帥可能出現的區域和場所，並且有針對性的給了一些頗為幽默的建議。這類文章的故事性非常強，而且視角獨特，成為內容行銷的上佳之選。

▌「比薩＋高科技」就是好內容

簡直無法想像，一個賣比薩的公司總部裡，規模最大的竟然是 IT 部門！

沒錯，連它的市場總監都說：「達美樂（Domino's）其

實是一家科技公司，只是剛好在賣比薩。」

成立於 1960 年的達美樂，1969 年由於舉債經營導致資金斷鏈，欠下 150 萬美元巨債，差一點破產。那麼，這樣一家公司是怎樣反轉結局成為人生贏家，並成為全美擴張最快的公司呢？

以科技創造內容，以內容征服用戶

2007 年，在大多數比薩公司還在用電話接訂單的時候，達美樂已經推出了電腦和行動端的訂餐頁面。

2008 年，達美樂成為業界第一個推出訂單追蹤服務的公司，用戶可以即時追蹤比薩的進展。

2011 年，達美樂推出過一款名叫「Pizza Hero」的 App，顧客可以使用這款 App 來自己設計比薩，模擬使用不同的麵團，添加不同的原料，例如蔬菜、肉、醬料、起司等。在完成製作後，顧客可以直接線上下單，距離最近的達美樂就會將其私人訂做的比薩做出來。並且，顧客還可以將這款比薩存為「我的最愛」，方便下次點餐。

將科技高度利用，與用戶盡情互動

2012 年，無人機剛剛開始流行，達美樂英國分公司也緊跟熱潮，開始用無人機送餐（注意，人家 2012 年就開始這麼玩了）。

　　但是，這種比薩配送方式是隨機抽選的，比較幸運的顧客才會得到這樣一次機會。達美樂還嚴肅認真的為自己制定了條款：若一個小時之內未能送達，就全部免費！

　　這看起來簡直酷炫爆表！許多顧客都希望在自己家門口等到無人機送來的比薩。其實更令人期盼的是能與無人機合照，上傳到 Facebook 炫耀一番。

　　於是，Facebook 出現了「與達美樂送餐無人機合影」的話題熱潮。達美樂抓住時機，使用官方帳號與顧客積極互動，粉絲瞬間增長 10 萬有餘。

　　該項互動式內容使達美樂英國分公司全年的營業額比去年增長了 12% 以上，接近 10 億美元。

　　2014 年開始流行智慧穿戴式裝置，達美樂抓緊每一個熱門話題，與 Pebble 智慧手錶合作，在手錶中添加了比薩送餐追蹤功能。

　　達美樂的服務真是個個貼進用戶的心坎裡。

　　2015 年，達美樂美國公司在 5 月 20 日開放推特訂餐，用戶可以直接在推特上發個比薩的 Emoji 表情符號表白一下，並標注「Domino's」，你的「520 大餐」就來了。

　　除了這些高科技軟體外，達美樂還推出一款專門外送比薩的車——雪佛蘭改裝比薩車。雖然這輛車只能容納一個司機，但它可以一次裝下 80 個比薩。司機可以在送餐途中把比薩放進烤箱，完成最後一公里的食品加工。

再升一級，達美樂澳洲公司打造了一款自主送貨機器人，稱為「達美樂機器人」（Domino's Robotic Unit，簡稱 DRU）。

簡直快要成為間諜了，送貨機器人有自動閃避障礙物功能，還有保護裝置，防止他人偷比薩。看到這個機器人，此刻快遞小哥們的內心是崩潰的……。

搞怪搞出關注度，自嘲反成自行銷

2015 年，達美樂開始不走尋常路，開發了一款 App，名字叫作「Tummy Translator」，直譯是「胃的翻譯機」。首先，用戶選擇自己的飢餓程度，然後將手機話筒對準自己的胃進行掃描，軟體會自動為你訂做一款「你的胃」想吃的比薩，關鍵是可以直接下單購買。

回過頭來看，2006 至 2008 年是達美樂的低潮期，網路上對糟糕的比薩口味罵聲不斷。當時，達美樂剛好換了新一任執行長，於是他直接開啟了自嘲模式。

2009 年，紐約時代廣場的巨幕上竟然播放著各種對達美樂比薩的吐槽資訊：「不要再去達美樂了，它的廚房就是競技場，你會吃到羅馬人！」「這家餐廳難吃死了，聞起來有股我奶奶頭巾的味道。」

這下網友可是樂在其中了，攻擊得更加賣力並且方式不同、花樣百出。當大家火力全開的時候，總裁出面深深鞠

躬，向大眾表態：「沒錯，我們的比薩實在是太難吃了！所
以我們需要大家的意見來更改啊！」同時，達美樂收集顧客
的意見，並邀請專業人士提出修改建議。後來，達美樂的股
價上漲 40%，同期營業額增長 750%。

達美樂的制勝法寶就是不按照賣比薩的方式賣比薩，以
內容抓住行銷重心，抓住顧客的味蕾。用不同的方式吸引受
眾，無論是高科技還是自嘲，都是一種與用戶保持互動的方
式。這樣不僅會提升用戶黏著度，也會增加品牌的關注度，
最重要的是還會使銷售量直線上升。

大衛・奧格威需要補充的四堂內容行銷課

大衛・奧格威（David Ogilvy）是奧美集團的創辦人，
如果廣告圈內有大師，他一定是沒有爭議的人選。

中國古代評價一個厲害的人物，有個三不朽的標準：立
言、立德、立功。奧格威恰恰是在這三個方面都有卓越建樹
的傢伙。儘管最近幾年來，4A[12] 的沒落大家看得見也感受得
到，但是瘦死的駱駝比馬大，他所建立的奧美帝國，依然是
這個世界天字第一號的龐然大物，從廣告到公關，再到數位
行銷，不乏一些大客戶和好創意。他身體力行，積極推動和

---

12 作者註：「4A」為任何時間、任何地點、任何人、任何方式的廣告公司
　　服務標準。

建立的廣告公司治理理念——尊重客戶、人才為本，即使放到現在也絲毫不顯落伍。

奧格威的核心創作理念和思想集中在他所總結的「雙11」，他的確喜歡「11」這個數字——儘管大家都不知道為什麼。

1967 年，奧格威寫《一個廣告人的自白》（*Confessions of an Advertising Man*）時，總結了廣告創作的 11 條鐵律：

- 廣告的內容比表現內容的方法更重要
- 不是上乘的創意，必遭失敗
- 講事實
- 令人厭煩的廣告是不會促使人買東西的
- 彬彬有禮但不要裝模作樣
- 使你的廣告具有現代意識
- 委員會可以批評廣告，但不會寫廣告
- 持續使用某個好廣告直到效率遞減
- 別寫不願讓家人看到的廣告
- 每個廣告都應該為品牌形象加分
- 不抄襲

1988 年，他又總結了自己從業一生的 11 個經驗：

- 創作成功的廣告是一門手藝，一部分靠靈感，
  但基本上靠知識和勤奮
- 去逗人樂而不是去銷售的誘惑，是一種接觸傳
  染病
- 一個廣告和另外一個廣告之間的差異，是用銷
  售力的尺度來衡量的，它可以是 19：1
- 在動手寫廣告之前，先研究產品是值得的
- 成功的關鍵在於給消費者好處
- 絕大多數廣告的職責不是勸說人們來使用你的
  產品，而是勸說他們在日常生活中與其他品牌
  產品相比，更常使用你的產品
- 在一個國家有效的方法，幾乎總在其他國家也
  有效
- 雜誌編輯是比廣告人更好的傳播人員，複製他
  們的技術
- 大部分廣告都太複雜
- 不要讓男人寫女性所購買產品的廣告
- 好廣告可以使用多年而不會喪失銷售力

　　這 22 個理念與思想，很多迄今仍閃耀著逼人的光芒，
但是其中有四條已經明顯不符合內容行銷時代的現狀了。

迷思一：廣告的內容比表現內容的方法更重要

　　即使到現在，一般意義上的內容仍然是指文案、思想和創意，這些內容的表現介質主要是文字、圖片、聲音和影片。但是隨著科技發展，這些介質的組合及它們所依附的傳播介質的變化（比如 H5、GIF 動畫等），已經使內容的表現形式有時候比內容本身更重要。借用傳播史上另外一位思想巨人麥克魯漢的說法——媒體即訊息。我們已經進入了一個「形式也是內容的時代」，因此，內容的表現形式和方法，至少與內容本身同等重要。

　　舉個例子，我們在朋友圈看到的能洗版的 H5，比如 BMW 新車上市等，在純粹的內容層面並不特殊，但是汽車跨越朋友圈的表現方式非常有創意，因此得以瘋傳。

　　再比如前面提過的，百世快運在 2016 年夏天畢業季的影片和「打包青春」系列海報，內容要情懷有情懷，畫面要情感有情感，在時間點上也契合畢業離別時的感傷和不捨，應該說內容創意很棒；但是，當這些海報和菜鳥聯盟在「雙11」的 GIF 動畫放在一起的時候，卻顯得單薄無趣。菜鳥聯盟的海報在傳統意義的內容層面，創意和文字都很一般，但是動態處理方式非常吸引人目光。在資訊爆炸的時代，這種能夠吸引大家注意力的形式，比深度內容在傳播的層面更討巧、更有效。

迷思二：去逗人樂而不是去銷售的誘惑，是一種接觸傳染病

廣告的直接目的，無論是提升知名度還是認知度，其最終目的肯定是促進銷售，從廣告誕生之日開始，它就承擔了這樣的功能。因此，奧格威強調廣告的銷售效率和效果不僅在當時很受歡迎，幫他贏得了客戶、贏得了聲譽，筆者也認同這個觀點，一切不能夠提升銷量的廣告都是耍流氓[13]。

但是，這個時代的消費邏輯變了。

以「90 後」為代表的新一代消費者追求個性、酷愛自由，他們喜歡小眾文化，寧願一起胡鬧，也不願接受布道。對他們來說，有趣才是正經事兒。

在資訊接觸和選擇方面，消費者具有更大的自由度。在以前大眾傳播時代，「你播我聽」、「你杵在那兒我不得不看、不得不聽」的形式已經轟然倒塌，甚至連十年前風光一時的分眾傳媒，也因為行動端的出現，愈來愈失去其分眾和經濟的價值。消費者只要一機在手，便擁有了整個世界。

在購買的過程中無論有沒有廣告，消費者都會主動搜尋關於品牌和產品的口碑。社群電商和粉絲經濟不僅改變了消費者購買的過程、場所、邏輯，甚至顛覆了他們購買的理由和動機。因此在這樣的背景下，廣告做為內容行銷的一種形

---

13 編註：「耍流氓」為無賴、賴皮之意。

式，是否有趣已經成為是否有效的一個直接判斷標準。

迷思三：別寫不願讓家人看到的廣告

　　奧格威多次在不同場合表達了類似的觀點，跟這句話類似，又比這句話更直白的另一種說法是：「別寫你不願你妻女看到的廣告。」他說這句話的根本目的，是想表達真誠和真實對於一則廣告的重要性。消費者不是傻子，並不愚蠢，如果透過誇大或欺騙的方式來做廣告，最終不僅會遭到消費者的唾棄，創作者本人也可能會產生某種良心的不安。

　　當廣播變成了窄播、大眾傳播變成精準傳播時，廣告人也不再是過去那個「不做總統就做廣告人」[14] 的廣告人，他只是品牌內容行銷的一顆棋子，他的使命和宿命就是汲取生活和生命的精華，去編寫和創作符合品牌調性又能吸引消費者注意的各種內容。

　　誠實永遠沒有錯，永遠是大家需要的，但是有誰能分清「誠實」和「適當的誇張」之間的差別呢？大部分情況下，受廣告播出時長的限制，我們沒辦法在區區幾秒之內表達太多的內容，因此，品牌廣告往往就會更加誇張的闡述和演繹產品的核心資訊，從而造成以偏概全，使消費者留下誇大其詞的印象。

---

14 編註：這句典故出自老羅斯福總統對廣告人的讚譽之語。

　　家人不願意看到的廣告種類其實有很多，這還關乎文化心理和個人趣味。比如一些成人用品的傳播內容，也許真的不適合家人看到，或者創作者也真心不願意讓家人看到；但是，這些內容總得有人去創作。因此，內容行銷時代創作人不需要糾結，也不需要分裂，只要明白自己的工作性質，清楚自己的角色定位就可以了。

迷思四：不要讓男人寫女性所購買產品的廣告

　　奧格威也許想表達「只有女人最了解女人」的觀點。但是這個論斷的不合時宜與謬誤，相信所有人都能看出來。

　　廣告也好，內容行銷也好，不僅是一門技術，也是一門藝術。能夠做好這件事的關鍵和性別無關，和方法與功力有關。無論是什麼類型的產品，也不論銷售給什麼人，廣告和內容有效的核心在於洞察到消費者的痛點。

　　如何挖掘消費者的痛點，如何傳遞、演繹、激發消費者的購買慾望？在技術層面有一系列的方法論，比如定位等一系列品牌行銷的基礎理論，還有筆者的「內容營運的獨孤九劍」；在藝術層面，完全取決於創作者本身對方法的理解和掌握。

6

怎麼做好企業的內容長

○

內容長是企業內容行銷的把關人。他不僅要洞曉用戶主動分享的祕密,還要知道如何透過內容去和消費者擦出愛的火花;不僅要知道如何 reach 受眾,還要知道如何 touch 受眾。因此,他是內容高手也是技術達人,是創意大咖也是管道擁護者,是當下稀有的行銷物種也是制勝未來的利器。

●

▎ 行銷長可能過時了

　　周杰倫與唯品會簽約成為「首席驚喜官」，蒼井空做了訂房寶的「首席用戶體驗官」，劉濤當了平安好醫生的「首席健康官」，宋仲基成了統一鮮橙多的「首席漂亮官」。明星們跨界「當官」真會玩兒！

　　近幾年市面上「首席ＸＸ官」[1] 愈來愈多。隨著內容行銷逐漸成為企業戰略布局的一部分，在行銷界又多了一種官——首席內容官。經常有朋友問：首席內容官（以下稱「內容長」）和首席市場官（以下稱「行銷長」）有什麼區別？

第一：職責範圍不一樣

　　行銷長，綜合國內外權威資料來看，其主要職責一般有以下幾方面：

1. 進行市場調查分析，確定企業定位。
2. 根據市場和企業的具體情況及需求，並確定市場行銷戰略。
3. 監督執行市場行銷戰略，完成公司行銷目標。

1　編註：「首席ＸＸ官」在臺灣習慣譯為「ＸＸ長」，如首席執行官為執行長、首席財務官為財務長、首席品牌官為品牌長等，後面內文將以臺灣譯名稱呼。

4. 保持市場敏感性，了解需求，尋找和把握市場機會。

5. 協調企業內外部關係，對企業市場行銷戰略計畫的執行進行監督和控制。

6. 負責企業行銷組織建設與激勵工作。

再來看看內容長。綜合北美的廣泛案例和中國近幾年的實踐，內容長的主要職責如下：

1. 制定企業中長期的內容行銷策略，確保內容在風格、品質和調性上的統一。

2. 建立內容工作流程，使用適當的內容管理系統。

3. 利用市場資料和內部人力資源來開發和加工內容。

4. 把內容發布到合適的平臺矩陣上。

5. 收集資料，評估內容的有效性，並提出最佳化措施。

6. 參與招聘和管理內外部的內容行銷人員。

從前述職責的對比，我們可以發現，行銷長是負責企業整個行銷體系運作的，包括產品、價格、管道、推廣等方面。比如產品設計、包裝，價格制定、促銷、銷售管道的選擇、如何推廣等，都由行銷長一手把關。

而內容長不同，他也關心以上這些，但更關注的是產品與眾不同的點。他知道從這個點出發去做創意的內容，更能

夠引起受眾的共鳴，從而使內容廣泛傳播。說內容行銷「四
兩撥千斤」，正是這個原因。

　　這麼說來，行銷長職責許可權比內容長更大、更廣。

第二：權力大小不一樣

　　在部門、產品、品牌眾多的大型公司中，需要設置行銷
長來整合全公司的資源，根據公司的商業模式來制定統一的
市場和銷售策略。行銷長直接向總裁負責，他的下屬是產品
部門、銷售部門、市場部門的主管經理。而在這一類企業
中，內容長往往服務於一個品牌，要對行銷長負責，才是可
行之舉，「一山可容二虎」。

　　而在一些小型公司、初創公司，特別是網路企業中，為
了減少管理層級，往往設置垂直的管理系統，即不設置行銷
長，而是直接設置內容長，將內容行銷做為企業的一種重要
行銷思路，直接向總裁負責。內容長的下屬為媒體、公關、
市場調研、文案等支援人才。

　　由此可見，在大公司中行銷長的職權更大，而在另外一
些公司，內容長則直接取代了行銷長。

第三：能力素養有差別

　　既然職責許可權不同，職責權力也有差別，那麼，兩者
所應具備的核心技能也有較大差別。目前中國招聘網站和獵

頭公司對行銷長的物色，主要傾向於這五項素養：

全面的專業知識經驗：對產品、市場行銷、廣告策劃傳播、財務統計管理及企業管理都要熟悉。

跨行業、多崗位的實戰經驗：這將有助於行銷長協調銷售、研發、品質、物流和生產的關係。

良好的文字和美術設計功底，以及時尚審美水準：沒有這些能力，無法領導和管理好一個包括市場、策劃、創意、視覺等崗位的團隊，也無法決策一個領先的品牌視覺形象。

超人的心理素質和市場行銷培訓能力：面對激烈的市場競爭壓力，要有良好的心態，同時還要對大量銷售部門人員進行培訓。

兼具感性的思維和理性的性格：創意想要脫穎而出需要感性的思維方式；創意的執行和落實需要理性的性格。

做為社交網路時代新事物，內容長則需具備五項修養：

高超的文字表達能力：文字、圖片、動畫是內容行銷的主要表現形式，文字是必不可少的。如果沒有對文字高超的駕馭能力，難以創作出有價值的內容。

出色的策劃和創意：在創造有價值的內容過程中，無論故事、情境、活動本身如何有趣，都需要策劃和創意。

　　審美思維：無論以哪種形式來表現內容，審美思維也是必不可少的，因為這是一個看臉的時代，顏值是硬道理，內容的設計感有時比內容本身更重要。

　　分析與評估能力：做內容行銷也要了解市場與產品。內容的評估及內容輸出後的效果評估，都需要很好的分析能力。

　　快速學習的能力：面對新的市場環境、新的事物，需要新的思路和套路去突破，評估效果更需要新的指標。因此，快速學習能力很重要。

　　從能力結構的比較來看，行銷長要具備的能力結構，用一個字概括就是「廣」，什麼都要抓，就什麼都要熟悉，這是由這一職位的職責決定的。但是「廣」，往往就意味著不夠「深」。

　　而縱觀內容長，他的能力結構是根據創意和策劃展開的，由文字、視覺、審美等能力提供基礎支撐，是垂直型的能力結構。市場行銷策略有很多種，而內容行銷能在其中玩出花樣，恐怕也正是因為這種能力結構使然。

第四：產生的時代背景不一樣

　　行銷長和內容長會有如此大的差異，還是因為二者產生的時代背景有差異。

　　行銷長是因經濟環境變化而產生的。隨著各個競爭企業在技術上的差距變得愈來愈小，與此同時，消費者卻變得愈來愈挑剔，迫使他們開始透過行銷手段來實施差異化經營。在部門、產品、品牌眾多的跨國公司中，需要行銷長這樣的高層管理人員來整合整間公司的資源，根據公司的商業模式制定統一的市場和銷售策略。這一職位在國內外已經存在數十年。

　　而內容長則是社群網路時代的新產物。進入 21 世紀以來，社交元素全面融入網路各類業務應用中，要求企業做到真正意義上的人際互聯、平臺開放、資訊透明。如何製造和使用有效的內容與消費者溝通，讓消費者了解產品，認同公司文化，獲得消費者的信任，並建立長久的互惠關係，才是行銷成功的關鍵。

　　在社會化媒體發展比較成熟的美國，很多大型企業如 IBM、福特、寶僑等，早已設立內容長，有具體的職位要求和發展路徑；而中國直到 2012 年才出現第一位內容長。不過隨著社群網路的不斷深化和發展，內容行銷正進入加速發展的階段，需要大量的內容長。

必修的 5 堂設計課

　　調查顯示，65% 的人更傾向於記住視覺和圖片類型的內容。如果不和視覺設計師溝通，你就無法輕易獲得內容行

銷的良好視覺效果。這些設計師可能是使用者體驗／使用者介面、網頁、圖像創意設計師、視覺內容創作或藝術指導。在學會溝通之前，內容長需要掌握 5 堂設計必修課。

第一：遵循「少即是多」

創作過程中如果想把每一個微小的資訊都考慮進來，事情就會亂成一團。我非常同意「少即是多」這個觀點。沒有設計師會給自己的設計添加更多的元素，如字體、顏色或其他東西來凸顯設計並為大眾喜歡。專業的設計想要做到最好，設計師們都會簡明扼要。

文字間要保留足夠的空間放其他內容，這樣讀起來才會讓人更愉悅。因為我們所呈現的內容需要讀者去消化、思考和互動，它和我們一樣，需要自己的時間和空間去喘口氣。少些繁瑣的東西，讓內容富有生命力。

第二：獲取平衡

文本和視覺類內容如何搭配？

2014 年，BLOG PROS 研究了 100 個最受歡迎的部落格，發現這些部落客平均每 350 個字就有一張配圖。也就是說，一篇 2000 字的文章應該加上至少 6 個視覺效果，包括特色圖片。

隨便在文章中加一些視覺表達，並不代表這就是一個好

作品。一般來說行銷人員都有不錯的設計感，但有時他們創作視覺內容時，忽視了一些基本設計原理。

在段落之間加一些圖片會讓內容更吸引人。創作圖片有多種途徑，可以透過攝影、類似 PhotoShop 的影像處理軟體或者線上工具，例如以線上動畫製作工具 Bannerssnack 創作自己專屬的圖片。原創圖片更耗時，但是你可以創作屬於自己的東西，內容的整體風格也做到了一致。

第三：理解色彩

色彩是設計的靈魂，因為和諧的色彩能夠讓人賞心悅目，亮麗的色彩能夠從沉暗的世界中脫穎而出。更何況在不同的文化中，色彩還有社會心理學的情緒和個人暗示作用。

做為內容長，不一定要成為善用色彩的設計大師，但是需要對色彩的搭配和使用有基本了解，這樣不僅可以在鑑別和審核內容時有更強的針對性，也便於在內容創作時能更有效率的排除不合適的色彩。

色彩的使用和搭配源自三個最基本的要素：色相、明度和彩度。所謂色相就是區分不同顏色的標準，也就是區分紅、橙、黃、綠、青、藍、紫等顏色；所謂明度，是指判斷顏色明暗的標準，色彩的明度愈高，則顏色愈亮；所謂彩度就是指顏色的飽和度或鮮豔度，是用以判斷顏色鮮豔或渾濁的標準。

　　透過千百年來對色彩搭配的組合實踐，藝術界基有一些關於色彩搭配的基本原則和技巧。這些搭配的基本技巧在很多設計網站上都有描述，比如同色系搭配、對比色搭配和相鄰色搭配等，比如使用色環時的三角色搭配和四方色搭配等，這些原理都很簡單。對於色彩搭配的拿捏，主要就是在基本搭配原理的基礎上，對顏色的彩度等做相應的調整。

第四：琢磨印刷

　　遇到印刷難看的文章，讀者就會無視它。文字的印刷在傳達視覺資訊的過程中扮演了重要的角色。不同字體之間會有微妙的差別，採用什麼字體可以決定視覺傳播的成敗。學習印刷有助於視覺行銷的成功。

　　我們無須精通網頁設計，也不用理解每種字體的大小、顏色扮演的角色，但要知道一些基礎知識。回想一下報紙的頭版、標題是大字，副標題中字，小的廣告主體再配上一張漂亮的圖片，所有字體類型和大小搭配得恰到好處。那如果印刷全用同樣的字體，粗細也都相同，是不是非常枯燥無味？在視覺內容中，調整字體的大小、粗細是必須的。

第五：別讓載入時間嚇跑你的用戶

　　Google 有句名言：「最好的品牌，是即時的、有用的、快速的。」

　　愈來愈多的人使用行動裝置閱讀，對行動裝置進行圖片最佳化非常重要，最好的方法是用 Google 工具測試你的網頁是否適用。

　　設計是一套完整的規律和法則，除了美術外，還有印刷、寫作、顏色搭配。設計產品時，你不需要竊取創意，而是借鑑最好的建議，要始終追尋潮流，多多參考，以設計出可行的、令人耳目一新的視覺內容。

　　內容長進化實驗導師、「加多寶體」創作人趙寧有句名言：「設計弄不好，傳播全瞎搞。」這句話說的也是視覺在內容中的重要性，畢竟顏值是硬道理。

▌文案是基礎，功夫在文案外

　　中國南宋大詩人陸游曾教導他的兒子：「汝果欲學詩，功夫在詩外。」寫詩固然要注重辭藻和格律，但只有在生活的砥礪下，才能寫出深刻動人的詩詞來。這不僅是陸游作詩的經驗總結，更是他多舛一生的體悟所得。

　　真正的文案大師寫到最後，一定是靠內在的功力和修養。試想，一個內容長文學田園荒蕪、心靈土地貧瘠、視野狹窄、認識膚淺、情感蒼白、精神軟骨，怎麼可能寫出通俗流暢、引發共鳴、有助行銷的文案呢？寫得再多，也只是無病呻吟、自娛自樂的「字紙簍」罷了。想寫出有獨到內涵的文案，還需要文案以外的功夫。

　　文案以外的功夫究竟是什麼？其實不是很玄，依筆者來看，一種是從閱歷、工作、戀愛、旅行、調研等獲得的一手經驗；一種是透過書籍、講座、電影等管道獲得的二手經驗。透過長時間甚至是一生不斷學習、積累、沉澱，才能博觀而約取，厚積而薄發，成為筆下有力的文案大師。

閱歷讓文字重新活過來

　　我很欣賞「文案天后」李欣頻說的一段話：

　　　　我建議文字創作者的精神療養院，應該設在市場、漁港、工廠或者機場旁邊，面對源源不斷的俚語、粗話，以及直言不諱的生動，這些情緒性的字眼只需要精確而完美的場面調度，原創已足。

　　這樣的情境多麼富有氣息啊！彷彿有無數的聲音、形象從四面八方撲面而來。劉勰在《文心雕龍》裡就說：「夫綴文者，情動而辭發。」如果你深深扎根於生活的土壤，對生活的方方面面有著自己深刻的體會，那麼自然而然就能把那些真切而獨到的見解付諸筆下，而且一點一滴都是活的。
　　綜觀那些一般的文案作品，即使玩弄酷炫的文字遊戲，進行華麗的辭藻堆砌，傳達出來的意思仍讓人覺得不明所以、無從體會；而好的文案作品字字珠璣、富有感知力，幾

句話就把產品的利益點和情懷表達出來了，如同一把利刃直擊受眾的內心。實際上，作品的貧乏就是人精神的貧乏，文案的高低跟技巧多少、資歷深淺沒有太大的關係，而是和作者內心的豐沛程度密切相關。**如果你對生活的方方面面有自己的感悟和體會，那麼就能從中學到最好的消費者心理學，寫出來的文案就不會蒼白無力。**

我們在日常生活中所經歷的平凡而瑣碎的事情，滲透到我們的生命之中，形成感性的體驗，構成真切、深沉的人生，是古往今來構成中外文藝作品的基本內容。我們都很熟悉蘇聯作家高爾基（Maxim Gorky），但很少有人了解他的經歷。由於父母早亡，高爾基十歲時便出外謀生，青少年時期在四處流浪中度過。他幹過很多活兒：碼頭搬運工、廚房雜工、售貨員、畫聖像、麵包店學徒、晚間看守人、鐵路職工等，走了幾千公里的路，了解了形形色色的人，切身體會到了底層人民的苦難，同時也頑強的堅持自學，在社會中積累了豐富的寫作素材。

正是這種坎坷的閱歷滋養了高爾基，他根據自身的閱歷寫出了人們廣為熟知的自傳體三部曲《童年》（*My Childhood*）、《在人間》（*In the World*）、《我的大學》（*My Universities*）。在《我的大學》中，高爾基將貧民窟與碼頭比作社會大學。當編輯見到高爾基時，非常驚訝，他怎麼也沒有想到，這麼出色的作品，竟是一個僅上過兩年小學、衣

衫襤褸的流浪漢寫出來的。

　　還有一位在 20 世紀叱吒舞臺的「話劇皇帝」石揮，他演出的《我這一輩子》、導演的《天仙配》，都是公認的傑出藝術成就。但是石揮並不是正規科班出身，十五歲初中畢業後就在列車上當車童，每天在人來人往的列車上打掃衛生、整理床鋪，看到站長得稱呼老爺。有一次因為列車起火被叫去救火，差點被燒死。後來他還當過牙醫學徒、販賣部售貨員。在底層摸爬滾打的艱辛生活經歷，讓石揮對人性和社會有了深刻的認識，從而使他的每一部作品都「有人味兒」。他堅信「豐富的經驗加有力的表現才有美滿的作品」，不斷的向生活和閱歷討教，使每一個人物都如同桃紅蔥綠搭配衣服似的，被他糅合得錯落有致、真實可信、形象豐滿、靈動而深刻，刻劃的市井小人物讓不少前後輩心悅誠服。2004年，央視前節目主持人崔永元邀請演員姜文再現《我這一輩子》，姜文說石揮的表演達到了難以逾越的高度，他演不了。

　　不僅是這些文藝上的集大成者，其實活過半輩子的人，大都能說出一些「金句」。那些不怎麼識字的人，也常常會寫出讓人拍案叫絕的文案。比如一位白髮老奶奶，坐在一輛賣橘子的三輪車旁，一塊硬紙板上手寫著幾個大字「甜過初戀」，一下子就在網路上走紅了，被奉為行銷文案的成功案例，不少人還打聽情況，想去現場體驗這個味道。還有一些內衣店的文案「內褲挑得好，老公回家早」，賣彩券的文案

「從前有位草根，進來買張刮刮樂，出去就變高富帥」，賣西瓜的文案「缺點：太甜」……真所謂「高手在民間」，內容長的擂臺在生活中。

好的文案注重閱歷的積累，培養自己的三觀[2]和情操。閱歷愈廣闊和精細，創作的基礎就愈堅實，同時也促進文案技藝的成熟，使得遣詞用句、拿捏心理時都能有所憑藉。山林、土地、蛙叫、白髮、疼痛、快樂……生活中的種種或溫暖或冰冷的來到紙上，再次活過來，留下灼灼印跡，達到「走入人心」的效果。

目前活躍在商業文案圈中比較有名的文案大神，大部分是些經歷非常豐富的人。如果你是內容長，一定聽過「團長」陳紹團的故事。陳紹團出生在福建的農村，砍過柴，做過三年漁村的教師，後來找了一份文案工作，但是不到兩個月就被辭退了，於是又輾轉北京、上海，在一些小廣告公司做過推銷員、文案、祕書等工作，閱歷比較豐富。後來，因為本土公司與國際4A（美國廣告代理商協會）雙重錘鍊的豐富經歷，以及扎實的文案功底和廣告創意，陳紹團被前輩提攜，成了「江湖上」讓人人都充滿敬意的傳說。他執筆文案，會超越位置本分去思考，融合策略、創意、洞察，成為學習的典範。下面是他為凱迪拉克與萬科房產寫的文案：

2 編註：「三觀」指價值觀、人生觀和世界觀。

凱迪拉克

稜角的退化是這個時代的悲哀，好在有凱迪拉克

萬科房產

潮流來來去去，生活本質永恆

時至今日樸實無華的自然情趣，也沒有半點貶值的
跡象

我們深信：那是讓人內心寧靜的永恆之美

而怎樣的喧囂浮華與榮耀，都終將歸於平常

多年來

萬科珍視自然給予的每一份饋贈

努力營造充滿本質美好的社區環境和人文氛圍

正如你之所見

　　不管是歷史上的文案大師奧格威、菲力浦‧沃德‧博頓
（Philip Ward Burton）、蒂姆‧德蘭尼（Tim Delaney），還是
現在的文案大神小馬宋、羅易成等，都是在生活中長期浸
泡，多觀察、多感悟、多利用，才讓血液裡滲透了那種氣與
華的光彩。如果我們總是囿於一隅，不去增加對生命的體
驗，或者不注重從生活的土壤中吸取靈感的來源，那麼腹裡
的那點東西很容易就會消耗殆盡。

工作是項真知灼見的事業

很多人的一生，大多數時間都在工作，不論是別人的還是自己的事業，只要是有用的、有價值的事情，都被看作工作。其實，工作也正是個人價值的展現和發展，幫助我們打開一扇通向這個世界的門，甚至融入一生當中，產生深遠的影響。文案創作者可以從中汲取、積累很多東西。

在這裡，不得不提一下現代廣告的奠基人克勞德・霍普金斯（Claude C. Hopkins），他是一位出言狂妄而瘋狂的人，但是深受奧格威的敬仰，後者將他的著作《科學廣告法》（*Scientific Advertising*），列為奧美公司員工七本必讀書籍之首。說他瘋狂，是因為他的一生只對廣告感興趣。他曾說過這樣一段話：

> 我沒有什麼工作時間的概念。如果我在午夜前停止工作，那麼那天就是假日。我經常在凌晨 2 點鐘才離開辦公室。星期天對我來說是最好的工作日，因為不受打擾。入行之後的 16 年裡，我沒有一個晚上或星期天不是在忙於工作。

霍普金斯認同並把工作當成一種享受快樂的遊戲。他認為尤其是在廣告業，比別人付出多一倍，自然收穫也會多一倍。因此，他在廣告業的 70 年間，別人兩年的平均工作時

間和工作量，在他那裡只能相當於一年。在 41 歲的時候，這個「工作狂」加入了羅德湯瑪士廣告公司（Lord & Thomas Advertising Agency）並供職了 17 年。當時他的年薪達到了 18.5 萬美元，相當於今天的數百萬美元。霍普金斯發明了新產品強行鋪貨的方法，發明了試銷，發明了用兌換券散發樣品，發明了廣告文案研究。他在工作中保持著對文案的敏銳感覺，獲得了成就。

當霍普金斯來到位於威斯康辛州的施麗茲啤酒（Schlitz Beer）公司時，詢問公司是怎樣釀造啤酒的。於是，老闆就向他介紹了如何挖掘噴水深井，帶他參觀了進行啤酒濃縮以實現純淨的玻璃房間，還展示了嘗酒器及重新清洗酒瓶等多達 12 次的工廠。雖然這是每一家啤酒釀造公司都有的流程，但霍普金斯卻在驚嘆之餘，根據釀造啤酒的歷史發起了一場廣告宣傳活動。6 個月內，該公司的銷量竄升至第一名。第一個向公眾透露流程的人獲得了搶先優勢。

之前有個自媒體大神——咪蒙，她的公眾帳號裡有一部分話題是專門針對職場的，她能從工作話題中總結自己的經驗，提煉出頗有爭議的觀點，並很擅長操縱相關受眾主體的情緒。有一次她在上班的時候，無意中聽到一位實習生哭著打電話抱怨自己在做打雜的工作。於是，咪蒙向她解說了一些明的暗的職場生存法則，並寫了一篇文章〈職場不相信眼淚，要哭回家哭〉，瞬間就引起了一個輿論熱門話題。諸如

「職場不看苦勞，只看功勞與結果」、「老闆的時間是最值錢的，不應用來做雜事」等觀點，更是引發了很多人的共鳴，不少管理者和職場人士紛紛將這篇文章轉發分享到朋友圈。這樣的文案雖然有部分技巧在裡面，但更重要的是，她觀察、把握到了職場中那些特別能挑撥人情緒的點，才有了這樣的爆紅文章。

另外一個關於工作的洞察，是我在第三章概略提過，醞釀了一場在很多人的社交圈裡洗版的事件。我們在北京、上海、廣州等一線城市工作，和在二、三線城市的工作感受是不同的。大城市房價居高不下，生活壓力持續增長，尤其是在白領中，會醞釀出一種想要逃離的衝動。

2016 年 7 月 8 日，航班管家與新世相就體察到這個社會情緒點，策劃了一場「逃離北上廣」的事件行銷，被各種媒體洗版，成為社會熱門話題。如果沒有相關的工作體會，斷然不能精確把握到「北上廣」這部分族群的這個痛點。讓我們看看這場活動的文案：

今天，我要做一件事：

就是現在，我準備好了機票，只要你來，就讓你走。

現在是早上 8 點，從現在開始倒計時，

只要你在 4 小時內趕到北京、上海、廣州 3 個城市

> 的機場，
> 我準備了 30 張往返機票，馬上起飛，去一個未知
> 但美好的目的地。
> 現在你也許正在地鐵上、計程車上、辦公室裡、雜
> 亂的臥室中。
> 你會問：「我可以嗎？」
> ——瞬間決定的事，才是真的自己。

很多白領滑到這個活動的時候，心裡都會一震甚至感覺心裡癢癢的。之後，新世相披露在微信轉發分享超過百萬，增加粉絲數超過 10 萬，成為一個很好的創意和行銷案例。所以重視工作，就如同重視我們絕大部分的時間與事情一樣，它也是淬鍊自己的一個方面。

戀愛豐盈了內容長的內心

不會談戀愛，怎麼打動用戶呢？這個世界上最說不清的就是愛情了。正因為這樣，它給予我們的豐富澎湃、細膩生動的情感體驗和感悟，是其他任何東西都代替不了的。實際上，戀愛的靈感讓古今中外許多文豪結出了文學的碩果。

德國著名作家歌德，一生至少愛過十幾個女人。他在〈要素〉（Elemente）詩中提綱挈領的表明，要想做出一首真正的好詩來，「最要緊的乃是愛情」。他以情人之一夏洛特為

原型，寫出了著名的《少年維特的煩惱》；還和最後一位情人合寫了《西東詩集》（*West-östlicher Divan*）。戀愛造就了歌德豐富的人生和個人魅力，也成了他鮮活作品源頭的那道清泉。在他的 129 部作品中，大都是以自己轟轟烈烈的愛情生活為背景的。

除此之外，因為荷西而使自己的生命浪漫而快樂的三毛、因陸小曼而遭受非議並在文學上嶄露頭角的徐志摩、站在四個「千代」女神花影下創作出《雪國》等文學著作的川端康成，甚至在 80 歲高齡出版了火辣風流自傳的李敖……情感讓他們的文學世界異彩紛呈。

其實，行銷的本質就是與消費者溝通，文案就是和買家「談情說愛」，是設計人的感受與情緒的說服藝術。所以，文案從業者要想投出走入人心的情感炸彈，內心就需要有豐富的情感和想像力。

在這方面，筆者也有自己的體會。所以，在平時工作、生活或出差的時候，如果沒有特別的安排，筆者就會去有特色的酒吧進行觀察和體驗。那些悲歡喜憂、愛恨情仇、人情百態、社會習氣，就如同五彩的萬花筒般，映射出人性的本源，暢飲一杯，你會得到無數的靈感。這對寫東西是大有裨益的。

李宗盛也是一個例子。很多人應該都聽過他為辛曉琪寫的〈領悟〉。這首歌寫出了愛情的情境，打到聽者的心坎裡，

創下了一天銷售 2 萬張的紀錄。這首歌實際跟他當時的婚戀有關係。當時，李宗盛在艱難的感情抉擇中選擇了林憶蓮而抱憾原配，在深深的愧疚中寫出了〈領悟〉。沒想到這首歌詞當時也正是辛曉琪的寫照。她與前夫戀愛十年結婚一年，就因丈夫外遇而離婚，接下來三年的姊弟戀也以失敗告終。婚姻生活的打擊讓她看到這首歌詞時完全不能控制，在錄音棚裡哭著唱完了這首歌。打動自己是打動別人的前提，果然後來這首歌一推出就紅了。

李宗盛的歌曲多是探討愛情哲理、人生意義的，只有經歷過才能寫得那麼深刻動人。所以，有人說：「少年不聽李宗盛，聽懂已是不惑年。」

如果你沒有戀愛的經歷，沒有過撕心裂肺和抱頭痛哭，是很難體會到「我們的愛若是錯誤，願你我沒有白白受苦」，這種飽含付出與感動的文案意味的。所以當你寫文案的時候，這些東西都會滋養你。

行銷人談文案必定都會想到杜蕾斯，其把握熱門話題之準、反響之快、創意之巧妙，讓人心領神會、打從心底拜服。**杜蕾斯的新媒體小組在招聘的時候，有一條不成文的規矩，那就是不太考慮沒有性經驗者的文案：「畢竟為一個產品做廣告，不了解產品肯定不好，而且也盡可能要求對這個產品有愛。」**

旅行讓世界打破重組

　　自然的靜謐美麗，日常的人情淡薄，旅行是文案創作者難得的精神催化劑。旅行中的自然地理、歷史文化、社會時態、哲理意蘊等，往往會讓人找到一個與自己的靈魂產生對話的環境，激發對生命處境的思考，落筆成文時自然氣韻生動、信手拈來。

　　神經科學家理查·瑞斯塔克（Richard Restak）曾經這樣說：「如果你想讓大腦發揮最佳功能，就要消除『依序連續處理每件事』的傾向，摒除世界必須符合順序表相和理性秩序的想法。」

　　美國著名旅行作家比爾·布萊森（Bill Bryson）將捕捉到的感受融會在遊記中，寫的《哈！小不列顛》（*Notes from a Small Island*）、《一腳踩進小美國》（*The lost continent travels in small town America*）等書籍，經常占據在暢銷書排行榜上；李欣頻在 37 歲的時候便遊歷過 37 個國家，旅行重構、升級了她的認知，她在希臘住了一個月後，回來寫了一本書——《希臘：一個把全世界藍色都用光的地方》。旅行是她文案創作的創意來源，幫助她積累了閱人無數的經驗，在面對不同的客戶時，也能有不同的提案與說服方式，是任何口才溝通學都無法教會的。

CASE STUDY

靠文案賣衣服的「步履不停」

「步履不停」是一家靠文案來賣衣服的淘寶電商，它的客戶定位是「文藝女青年」，所以店主在淘寶店鋪開設了日記專欄，不時寫著自己的旅行見聞，結果竟讓這個很少做付費推廣的小小店鋪，年營收 3,000 萬人民幣。它的店鋪上有這樣一段文案：

> 你寫 PPT 時，阿拉斯加的鱈魚正躍出水面；
> 你看報表時，梅里雪山的金絲猴剛好爬上樹尖；
> 你擠進地鐵時，西藏的山鷹一直盤旋雲端；
> 你在會議中吵架時，尼泊爾的背包客一起端起酒杯坐在火堆旁。
> 有一些穿高跟鞋走不到的路，
> 有一些噴著香水聞不到的空氣，
> 有一些在寫字樓[3]裡永遠遇不見的人。

這個文案後來被無數旅遊微博和大號轉發分享過，更是迷住了超過 1,000 萬的文藝女青年，為店鋪帶來了不少粉絲和銷量。這背後的執筆文案

3　編註：「寫字樓」在臺灣習慣稱為「辦公室」。

人，正是兩位廣告行業出身的店鋪創辦人，他們
都是不安分、愛四處旅行的人。創辦人肖陸峰還
曾經辭職走過東南亞，去過雲南山區義教，還在
印度待了大半年，創業後在淘寶店鋪開設了「步
履日記」專欄，記錄自己的經歷與感受：「店裡呈
現出來的東西，跟我們的經歷是有關係的，我們
往外走看到了一些東西，也在上海繁華都市的寫
字樓裡待過，說出來的故事可能比較容易引起共
鳴吧。」

這樣的文案，讓「步履不停」真正的傳遞出了自由自在
的品牌理念，吸引了無數的文藝青年客戶。

阿里巴巴發布「去啊」引發旅遊品牌大狂歡

2014 年 10 月 28 日，阿里巴巴發布了獨立的
旅行品牌「去啊」，現場發布會的 PPT，用一句話
解釋了其品牌涵義：「去哪兒不重要，重要的是去
啊。」沒想到一個「去哪兒」帶來了暗中挑釁的
意味，就此引來了各家旅遊公司甚至圈外公司的
行銷狂歡，讓我們看看它們的文案：

> **去哪兒網**：人生的行動不只是魯莽的「去啊」，沉著冷靜的選擇「去哪兒」，才是一種成熟的態度！
>
> **驢媽媽**：不管什麼在手，不能説走就走，記得跟媽打個招呼，去啊，聽媽的！
>
> **愛旅行**：旅行不只是魯莽的「去啊」，也不是沉默的選擇「去哪兒」，「愛旅行」，才是一種生活態度！
>
> **攜程自駕遊**：旅行的意義不在於「去哪兒」，也不應該只是一句敷衍的「去啊」，旅行就是要與對的人，「攜」手同行，共享一段精采旅「程」！
>
> **京東**：還在猶豫「去哪兒」？你倒是「去啊」！白條[4]在手説走就走！

　　春秋旅遊、週末去哪玩、麥兜旅行、亞朵酒店、租車公司、差旅管理公司等一大波文案都紛紛跟進，加入了這場「行銷群架」的陣營。這些文案有對平臺本身調性的分析，有對旅行痛點的直擊。試想，如果一個人從來沒有旅行經驗，斷然寫不出能夠打動消費者的文案。就如同之前提過那封辭職信中的話：「世界那麼大，我想去看看」，寥寥十個

4　編註：「白條」是一種「先消費，後付款」的支付方式，本質上與信用卡類似。

字，卻被傳得沸沸揚揚，激起了很多人要去旅行的衝動和幻想。多數「網友」感同身受，表示想來一場說走就走的旅行。

調研是文案洞察的眼睛

做文案久了，總會羨慕那些大神能寫出刀刀見血的文案，其實這中間也有調研的功勞。文案的背後，是銷售邏輯。文案創作不僅需要了解品牌歷史、產品功能、相關特色，還要做市調、目標用戶洞察，才能幫助你找到用戶的習慣。不管是行銷策劃還是商業文案，調研可以讓我們獲得第一手資料。但是，同時我們也要警惕調研中的陷阱，稍有不慎將會對你產生誤導，從而導致更大的損失。

案例 1：可口可樂
跌入調研陷阱帶來的教訓

目前全球最大的飲料廠商可口可樂，在 1980 年代中期，曾因為一個調研導致了幾乎致命的失誤。1970 年代中後期，可口可樂為了擺脫競爭對手百事可樂迅速崛起的威脅，也為了找出衰退的真正原因，在美國 10 個主要城市進行一次深入的消費者調研。

可口可樂設計了「你認為可口可樂的口味如何？」

「你想試一試新飲料嗎？」「可口可樂的口味變得更柔和一些，您是否滿意？」等問題，結果大多數人表示能夠接受新口味。可口可樂又花費數百萬美元進行了新口味測試，最終在消費者的認同下，拋棄了已使用 99 年的傳統配方，推出了新口味的可口可樂。

結果，新可樂推出 4 個小時後，可口可樂就接到了 6,500 通抗議電話，很多人表示可口可樂背叛了它象徵的傳統美國精神，再也不會購買了。三個月後，新可樂計畫徹底宣布以失敗告終。這場花了 400 萬美元、近兩年時間的市場調研，忽略了品牌情感等因素，錯誤的調研和結果讓可口可樂蒙受了災難性的損失。

案例 2：《超級女聲》的真實心聲

在講可口可樂這個案例的時候，一次現場溝通中，《超級女聲》策劃公司、《爸爸去哪兒》幕後行銷推手，天娛傳媒副總裁、文化長趙輝，也分享了一個例子。

當採訪參加《超級女聲》的選手時，拿著攝影機問她們：「妳為什麼來參加比賽啊？」很多人都

說：「我想上更大的舞臺唱歌。」「我希望用我的歌聲來改變家裡的現狀。」「音樂是我的生命。」這些鬼話連篇、整個尷尬的話。但是，如果你用隱形攝影機跟她們交流的時候，就會發現唱歌的夢想只是一部分，真正的理由是「我追的男神不理我，我就是想參加節目來證明自己。」「我覺得自己長得還可以，希望透過這個節目能夠獲得更多進軍演藝圈的機會。」「我就是想紅了掙點兒錢。」這樣你才知道了歌手們真正的想法。

如果我們策劃一個節目，策劃一個品牌文案，去調研的時候，應該以怎樣的態度、方式等去調研？這關係著調研結果是否正確、是否有用，大家需要注意裡面的陷阱。

▎生命不息，學習不止

閱讀是平凡而可貴的通道

講了很多一手經驗，接著就是二手經驗的獲得，首當其衝的就是閱讀。頂尖的文案寫作者一定是終生學習者，擁有深刻廣闊的閱讀，才能心中有溝壑。那麼文案人應該讀哪些書呢？

● 做一個五穀俱食的人：雜家

胡適在一篇文章〈讀書〉中談到：「理想中的學者，既能博大，又能精深。精深的方面，是他的專門學問，博大的方面，是他的旁搜博覽。」文案人應該做一個「雜家」，讀書如「金字塔」能廣能高，不管是歷史、哲學、文學還是其他各個領域的書，都看一看。它們所展現各異的世界，會幫助我們進行文案的創作。

● 站在巨人的肩膀上：專業書籍

我們還可以去讀一讀那些文案大師、廣告大神的書籍。他們在那個時代是如何與消費者互動的，是怎樣進行文案創作的。這樣一方面可以總結出核心要素，培養自己的思維方式；另一方面也可以習得經驗，使那些技巧能夠實際運用到自己的工作當中。

比如大師的書籍：奧格威的《一個廣告人的自白》，李奧貝納（Leo Burnett）的傳記《摘星的人》（*Leo Burnett: Star Reacher*），湯姆‧狄龍（Tom Dillon）的《怎樣創作廣告》，喬治‧路易斯（George Lois）、比爾‧皮茨（Bill Pitts）的《廣告大創意》（*What's the Big Idea?*），霍普金斯的《我的廣告人生》（*My Life in Advertising*）、《科學廣告法》，喬瑟夫‧休格曼（Joseph Sugarman）的《文案訓練手冊》（*The Adweek Copywriting Handbook*）等；策略類書籍：艾爾‧賴茲（Al

Ries）、傑克・屈特（Jack Trout）的《定位》（*Positioning*），
羅塞・雷斯（Rosser Reeves）的《實效的廣告》（*Reality in
Advertising*），菲利普・科特勒（Philip Kotler）、凱文・萊恩・
凱勒（Kevin Lane Keller）合著的《行銷管理》（*Marketing
Management*）等；文案集類書籍：阿拉斯泰爾・克朗普頓
（Alastair Crompton）編著的《全球一流文案》（*The Copy
Book*）等。

● 文案是和人性的對話：心理學書籍

　　世界上好的文案都是相似的，那就是能夠操縱人心。我
們總說需要找到、洞察「一詞占心」，那隱藏在消費者背後
的洞察真相就跟人性有關係。想要知道消費者的決策動機，
那就得和心理學「聯姻」，深入了解人類的心理構成。

　　有關心理的書籍如古斯塔夫・勒龐（Gustave Le Bon）
的《烏合之眾》（*The Crowd*），主要講述群體心態對個人的影
響；波茲曼的《娛樂至死》，主要講述娛樂化的表達方式對
人類思維方式產生的深刻影響；凱文・凱利（Kevin Kelly）
的《釋控》（*Out of Control*），是如今科技界、網路界正在發
生的熱門詞語；榮格（C. G. Jung）的《心理學與文學》
（*Psychology and Literature*），教我們如何進行深入細緻的思
考；卡內基的《人性的弱點》（*How to Win Friends and
Influence People*），從心理學層面將人性弱點以清單的方式提

供給我們。

他山之石，可以攻玉：聽講座的習慣

當我們聽講座的時候，那些腦子裡有精華知識的人會在幾個小時內，將自己的經歷、經驗與我們分享。我們不僅可以參考導師的獨特思維並將其據為己用，還能夠高效率的構建自己的知識體系，打通脈絡，並且激發出求知慾，這是看書無法達到的。

比如文案經常會去分析網路上那些成功的案例，但是我們透過文案只能知道案例是如何做的，取得了哪些效果，而關於案例的動機、創意的來源、背後的故事、失敗的教訓、面臨的選擇、具體的執行細節等，這些非常有價值的資訊卻是很難得知的。如果有大師分享，那麼我們就能獲得真正有效的精華知識。

在電影中重疊的百態人生

電影的意義是什麼？導演安德烈・塔可夫斯基（Andrei Tarkovsky）給出了答案：電影讓一個人置身於變幻無窮的環境中，讓他與數不盡或遠或近的人物錯身而過，讓他與整個世界發生關係，這就是電影的意義。

電影具有最強大的感官表現力，也是最複雜、涵蓋其他藝術領域最廣泛的藝術表現形式，托爾斯泰將電影稱作「更

接近人生的藝術」。電影是視覺和聽覺結合的藝術，也是融合了攝影、文學、美術、音樂、戲劇、建築和現代電腦動畫技術等高科技手段的綜合藝術。有人說：「電影的發明使我們的人生延長了三倍，因為我們在裡面獲得了至少兩倍的不同人生經驗。」

我們看電影得到的體驗，往往比書籍來得更加直接，你會在裡面獲得共鳴、產生情緒、塑造觀念、改變認知、經歷體驗、沉澱情懷。電影幫助我們體驗更多的人生，那些東西可能一時用不上，但是當你寫某個類型的文案或者調研品牌調性的時候，電影的鋪陳邏輯、講故事的方法、畫面感受等，就會觸發你在修辭、意義上的領悟。

總的來說，做為一個內容長，除了要錘鍊自己的文字技巧外，還要注重功夫之外的修養。不管是閱歷、工作、戀愛、旅行、調研，還是看書、聽講座、看電影，都可以從方方面面來提升自己做為一名內容長的深度與高度。

▎如何用內容打造個人品牌

在美國，川普靠做內容當上了總統。而中國近些年透過輸出內容成為網紅的自媒體人和明星企業家也愈來愈多。比如羅振宇、咪蒙、潘石屹、周鴻禕等，還有活躍在各個垂直領域的自媒體達人，透過自媒體實現財富自由的故事更是層出不窮。可以說，羅振宇前幾年提出的「魅力人格體」概念

獲得了愈來愈多的認同。

　　做為既有志向又有內容輸出能力的內容長，不僅要學會用內容打造自己的個人品牌，還要學會用內容為企業管理者做形象和聲譽管理。

　　儘管每個人的起點、背景和狀況都不一樣，但是歸納和總結一下，打造個人品牌還是有跡可尋的，我們把它稱為打造個人品牌的「六脈神劍」。

用內容打造個人品牌的「六脈神劍」

審己	度人	設計	創作	發布	互動
能力	年齡	方向	故事	方式	按讚
特長	收入	類型	觀點	平臺	回覆
個性	喜好	風格	知識	頻率	評論
態度	語境	角度	表情		調查
經歷	價值觀	調性	語言		獎勵
			動作		

第一劍：審己

　　知人者智、自知者明。在進行個人品牌打造之前，首先必須進行徹底全面的自我反省、審查和檢討。所謂徹底全面的自我反省、審查和檢討，不是自己閉門造車，而是借助熟悉或者相對了解自己的人（家人、同事、伴侶、同學），以

及其他一些關於性格能力分析的經典輔助工具（九型人格、色彩性格、星座血型等），從多個層面來盤點和分析自己的能力、特長、個性、態度、興趣、缺陷，以及身邊可以運用的資源。

第二劍：度人

所謂度人的「人」，主要指兩種。

一種是自己同行的標竿，需要仔細分析他們使用的溝通方式，呈現的個性、狀態，以及受粉絲喜愛的程度，透過對比各自的優勢和劣勢，對自己進行差異化定位。

另一種是粉絲，必須設法了解受眾或粉絲的年齡、收入、狀態、喜好、價值觀、層次範圍及慣常交流的語境。如果自身已經有一定數量的粉絲，也需要透過調查和互動，甚至設計一些目的性很強的活動，來分析和了解他們，以便找到最合適的溝通內容和方式，從而吸引更多的追隨者。

第三劍：設計

做到知己知彼之後，就可以開始設計內容輸出的方向、類型、輸出角度、風格和調性，以及發布的頻率了。

內容輸出的方向主要指專注的領域和範圍，最好跟工作密切相關，也可以做為業餘愛好，把自己發展成複合型專家或人才，用時髦的話說叫「斜槓青年」。

內容的類型是指輸出的既定方式，跟自身的資源和才華能力有關。比如 papi 醬是學導演的，所以透過自己獨立完成寫劇本、導演、拍攝和剪輯等所有工作，成為超級網紅吐槽影片「一姊」。

內容的輸出角度主要指內容展示的方向，是個性還是才華，是知識還是能力，是品味還是品德，是思想還是文筆。比如自己是健身領域的教練，可以透過梳理系統的健身方法、解剖學和單項功能性訓練特長的角度去輸出內容，也可以透過展示自己的身材、體型和肌肉，甚至是展示一些超高難度的動作來樹立個人品牌。

內容的風格和調性相對比較好理解。風格可以是幽默的，也可以是搞笑的，還可以是嚴肅的，也可能是溫和的、理性的。調性可以是婉約的，也可以是豪放的，可以是呈現草根心態的，也可以是展示富貴氣息的。

發布的頻率是指一段時間內相對穩定的發布數量，也包括相對固定的發布時間。因為從粉絲經營的角度來看，固定的發布時間能夠培養粉絲固定的閱讀習慣，從而提升打開率和閱讀率。

第四劍：創作

整體內容定位清晰後，就進入具體內容的持續創作階段。根據自身的個性、領域或者能力特長，選用各種不同類

型的表達方式，說故事、耍態度、拋觀點都行。如果想透過語音或直播來樹立品牌，則要設計有個人特色的表情、動作、語氣、語調，以及直播的著裝、環境的布置等。

　　當然，無論進行哪種類型的內容創作，「新、奇、怪、美、潮、樂、酷」這七字真言最好能夠倒背如流並念念不忘，因為具備這些特點的內容是各級、各類粉絲都喜聞樂見的。也許有些內容長會說，自己處在 B2B 領域，自己的工作內容非常無趣，或者專業度太深，不容易透過通俗的方式在其他領域樹立影響。這確實是個問題，但並不是沒有解藥。有兩個思路可以借鑑。

　　第一，在透徹領會專業化內容之後，用通俗、生動、帶網感[5]的語言來敘述內容，並且在文章的起承轉合中多用一些轉折的技巧，從而提升閱讀的趣味，給讀者帶來驚喜。醫學知識分享網站「丁香園」在這方面做得相當出色，使很多非常專業的醫學問題變得通俗易懂，經過精心打磨的標題和娓娓道來的敘述感，讓人在不知不覺中就獲得了很多醫學和養生知識。而這些文章大部分是由各專業學科的醫生撰寫，相對於那些純粹的、充滿很多分子式的論文，這些文章的可讀性和易讀性都很高。比如〈紅酒、陳醋不能軟化血管！最可靠的辦法是這四招〉這篇文章，把嚴肅的心腦血管保養與

5　編註：「帶網感」指符合網路的流行邏輯。

民間流傳的養生迷思結合起來進行探討。

　　第二，尋找粉絲的第二身分，然後根據身分的共同點去創作文章。比如 GE 做為 B2B 行業的老大哥，它的微信公眾帳號除了發布行業的消息、重大的技術和產品賣點外，還會根據粉絲中「30 歲以上男性族群居多」這一特點，創作一些和男性相關的政治、經濟、育兒等話題，從而增強粉絲的黏著度。說到底，我們每個人都有不同的身分和角色，如果運用得當，會成為輸出內容的良好點綴。

第五劍：發布

　　塑造個人品牌的方式有很多，這裡所謂的「發布」不僅指根據內容的形式、角度和風格來選擇相對應的平臺，還指在不同性質和特點的平臺上建立自己的傳播矩陣。比如做為某個甲方的內容長，如果你的特長在於持續輸出一些圖配文的內容，那麼，你既可以建立自己的微信公眾帳號，也可以在其他的自媒體平臺設立同樣的帳號，達到「一魚多吃」的效果。選擇發布的平臺，不僅只是發布，還需要從營運的角度去研究各平臺上相應內容脫穎而出的不同機制，比如知乎和今日頭條，它們的演算法和推薦機制就很不一樣。

　　當然，從更高的層面看，發布前首先要充分考慮自己的發布策略，包括發布的方式、平臺和頻率。其中發布的方式又可以細分為直播、社群、活動、純文字圖片發布、論壇演

講和研討等。

第六劍：互動

互動是調動粉絲情緒、潤滑粉絲關係最有效的途徑，也是獲取粉絲回饋、進行內容調整的良方。互動不僅要做到快速、即時，而且要做到盡可能有趣。互動的方式可以是按讚、回覆、評論、獎勵，還可以是問卷調查。總之，任何一種能夠讓粉絲迅速刷出存在感、成就感的方式都值得嘗試。

以上這六種方法既是在個人品牌打造時進行內容輸出的策略，也是實際操作執行的步驟和方法。應該說，從狹義的內容輸出角度，大部分網紅或自媒體明星都是透過這樣的手段來持續輸出內容並打造自己。如果從更廣義的內容角度出發，也可以透過策劃某個事件或在某個事件中亮相，迅速提升自己的個人影響力。

比如透過策劃李世乭對戰 AlphaGO 的比賽，不僅提升了圍棋在全世界的關注度，而且把深度學習和人工智慧的最新應用迅速推到聚光燈下，甚至讓李世乭這樣的行業世界冠軍變成跨行業的明星。

不管怎麼說，瞬間成名可以靠事件，但是保持知名度和影響力，則必須依靠持續不斷的內容輸出。

後記
廣告凋零，內容永生

　　回頭想想，自己走上內容行銷的研究和實踐之路，實屬懵懂中的誤打誤撞。

Ecowater，從整合行銷傳播角度做內容輸出

　　2010 年，我創辦的達道品牌顧問機構有幸成為「股神」巴菲特旗下美國 Ecowater 的整合行銷戰略顧問，為其提供全面的行銷策劃和輔助執行工作。美國 Ecowater 的主要業務是生產、銷售工程和家用淨水器，這在中國屬於新興產業。在合作的最初幾年，不僅消費者對這類產品無意識，而且行業品牌無特色、行業展覽會無亮點，整個行業的競爭也很粗放。再加上美國總部對於中國市場的環境氛圍及消費者狀態不了解，一直套用國外成熟市場的 2B [1] 操作思維和慣性來指導中國市場的運作，對市場運作費用的預算更是卡得非

1　作者註：「2B」是 to business（針對企業）的縮寫。

常緊，這導致品牌知名度和美譽度的打造不能透過廣告或有
規模的事件行銷來完成。

　　在對市場、競品和消費者調查研究之後，我們從企業的
整體戰略定位、消費者對位和行業卡位等角度為 Ecowater
做了整體規劃，並且為品牌的外延和核心體系、行銷的框架
（由產品、價格、管道、促銷組成的「4P」基礎模型）和傳
播的策略做了配套規劃，這些規劃得到了中國區管理階層的
高度支持和認同。在預算非常有限的情況下，大家達成的共
識是：「透過不間斷的內容輸出來打造品牌。」

　　當時還沒有所謂的內容行銷意識，所有工作更多是從整
合行銷傳播的角度，針對消費者和品牌利益相關者進行內容
的提升和輸出。為了更省錢的產出內容，無論展臺的位置和
大小，我們把新產品的發布會統統安排在各個不同的展覽現
場。沒想到這樣的方式不僅聚攏了人氣，也讓記者覺得很有
才。於是，在展覽現場開新品發布會隨後成為淨水行業的普
遍做法。而現在這種做法幾乎已經普及到大部分的行業展覽
會中。

　　因為基於利益相關者接觸點進行內容提升，所以內容的
外延也就變得相當廣泛，形式和類型也不再局限於傳統的內
容分類。產品的功能、設計和命名，展臺的設計和布置、現
場活動的調性和內涵、工作人員的話術和形象，終端銷售的
形象、各種銷售物料的設計和製作，年度的經銷商大會，各

種對外的媒體宣傳和自媒體及網站內容的輸出，甚至在網路平臺的整體口碑管理等，都屬於內容展示。

　　就這樣，在我們全力的努力和客戶的支持下，大家咬牙堅持了兩年，很快就得到了回報。Ecowater 迅速成為高端淨水行業的第一品牌，品牌知名度和美譽度逐步提升，想加入經銷商體系的人幾乎排成長龍，而終端銷售量也節節攀升。從 2012 年開始，為了進一步提升公司在細分市場的占有率，我們針對不同的族群和管道建立新的品牌矩陣，並且用同樣的方法對品牌進行全方位的打造和處理，同樣取得了良好的效果。

　　2014 年，當很多新晉淨水品牌攜資本開始找黃磊、孫儷、林志玲、范冰冰等一線明星做廣告代言時，最早進行專業品牌打造的 Ecowater，依然沒有廣告層面的投入，在整合內容行銷系統的支撐下，其銷售業績還能夠持續翻倍。

未來是內容行銷的時代

　　我們在為 Ecowater 做行銷的過程中也一直思考：無論是線上官方傳播陣地（官網、雙微和官方旗艦店）的內容更新，還是其他各平臺的內容持續建設，抑或是各種實體展覽的搭建和活動策劃、終端銷售的統一形象策劃和售點輔銷物準備，甚至包括在世界多座城市舉辦的年度經銷商大會，都沒有造成任何轟動和在朋友圈不時瘋傳的現象，為什麼

Ecowater 的品牌影響力和銷售業績還能夠直線上升？

　　2012 年，可口可樂發布了震驚世界的「內容 2020 戰略」，尤其是其中最核心的轉變「從創意卓越到內容卓越」，給了我很大的啟發。雖然我們沒有驚天地、泣鬼神或讓人發瘋的內容，但是我們在各個層面和接觸點相對統一又持續的內容輸出，符合小能量的多次衝擊原理，也達到了滴水穿石的效果。而這種做法在國外被稱為「內容行銷」，並且有專門的機構進行相關理論的總結和推廣，美國內容行銷協會就是其中的代表。從那時起，我開始持續關注並有意識的運用內容行銷的理論來指導實踐，並且觀察和分析中國其他品牌在行銷層面的轉型和做法，比如 2012 至 2013 年開始萌芽的「野獸派花店」和「羅輯思維」等，並最終在 2015 年創辦定位為內容行銷商學院的「一品內容官」，開展中國真正意義上的內容長進化實驗。

　　正如本書前面所分析的，海爾魔鏡、羅輯思維和野獸派的成長，說明這個世界的行銷邏輯在發生變化，傳統的「從產品到商品再到品牌構建」的思路和邏輯正逐步被「從內容到品牌（或魅力人格體）再到商品」的新邏輯所取代。在這個過程中，隨著行動網路和智慧型手機等的升級和支付技術的發展，內容已經不僅是內容、形式和媒體，也是構建和消費者深度信任關係的手段，以及銷售產品的管道。對個人而言，洶湧而來的網路大咖、自媒體達人、超級 IP、網紅經

濟等，也愈來愈證明了內容的重要性。內容已經成為所有個人和企業打造品牌並最終達成銷售的主要手段，內容行銷會成為未來行銷的底層思維和邏輯，傳統以大眾傳播和廣告為主要推銷方式的思路開始凋零。

這種轉型表面上看好像很膚淺、很牽強，因為結論來自於我們對一些現象與案例的羅列和歸納，其實不然。因為這些變化不是最近才有的，也不是憑空而來的，而是隨著各種技術和基礎設備的逐步完善，隨著年輕一代的成長，以及新的話語體系、溝通方式和消費方式的變化而產生。

被譽為 20 世紀「思想家」、「先知」、「聖人」的加拿大著名傳播學家麥克魯漢，在他的經典作品《認識媒體：人的延伸》（*Understanding Media: the Extensions of Man*）中提出「媒體即訊息」、「媒體是人的延伸」、「地球村」、「意識延伸」等著名觀點。這些觀點曾經被認為是奇談怪論，乃至於當年提出後有過曇花一現的爆紅。但是隨著網路的發展，這些所謂的奇談怪論正逐步成為現實。**傳播媒體不僅對傳播的內容有影響，而且會重新塑造人們的生活方式。**

美國著名學者、紐約大學的教授波茲曼在研究了電視對美國社會的多種影響後，出版了著名的《娛樂至死》。他指出媒體不僅是訊息，而且是一種隱喻；新興的媒體既是推動社會生活方式和文化內容變革的隱祕力量，也是重新定義了時代的精神力量；電視的興起導致美國社會嚴肅內容的式

微，美國社會逐漸從舊有的深刻滑向庸俗，娛樂至死成為新的時代精神。**可以說，行動網路和社群媒體的發展，進一步放大了娛樂至死的理念和精神，表現為很多事情和內容有意思才會有意義，導致網路內容向故事化、情境化和娛樂化的趨勢發展。**

廣義廣告會一直存在

隨著物聯網（IoT）技術、內容和支付方式的交替演化，傳統行銷的經典 4P 框架依然有效。但是，內容可能會變成產品研發、產品定價、推廣手段和銷售管道的整體，或是變成以上這些行銷手段的入口和底盤，就如前言中海爾魔鏡的定價和銷售方式。

當然，說內容行銷會成為行銷的底層思維，並不意味著狹義的廣告（即通常在電視節目之間插播的廣告）會立即死掉。廣告做為商品資訊的推廣形式，會逐漸凋零，但並不會死。至少在中國、在可預見的未來，它不會死。

一方面，狹義廣告出現的時間已經有上百年，無論是廣告商、廣告業的從業人員，還是廣告的接受者都會在思維和模式慣性下繼續操作。也因為這種慣性，使得狹義廣告本身仍然具有一定的效果和作用。甚至在某些特定族群中，它可能還是最有效的傳播方式，只是價格昂貴了點。這也是愛迪達全球執行長接受電視臺採訪時說愛迪達將停

止發布廣告，但是愛迪達中國官方發言人卻審慎的表達不會取消廣告的原因。

另一方面，從廣告的發展史來看，廣義廣告以承載廣告的媒體來分，大致經歷了以實物、叫賣、標記、消息為主體的古代廣告時期，以商標和牌號為主體的中世紀廣告時期，以報刊為主體的近代廣告時期，以電視為主體的現代廣告時期，以及以網路綜合平臺為載體的新廣告時期。

可以說，在人類社會漫長的發展過程中，廣義廣告一直存在，只是受到不同的時代社會文化和科學技術的限制，在媒體手段、內容、形式或藝術表現上會發生變化。所以，也有人說內容就是廣告換湯不換藥的新的表現形式。但是，不管從哪個層面看，不管廣告是否還存在或者以何種形式存在，「內容永生」是毋庸置疑的。

感謝過去七年一直給予我信任的 Ecowater，尤其是市場總監王正先生，跟他的互動和交流給了我很多啟發；感謝在成書過程中，給予我大量指導和幫助的各位良師益友，包括我的研究生導師、復旦大學新聞學院劉海貴教授；上海交通大學安泰經濟與管理學院教授、博導余明陽教授；香港城市大學商學院中文 EMBA（高階管理碩士學位班）主任竇文宇教授；華南理工大學新聞傳播學院副院長段淳林教授；上海外國語大學國際工商管理學院紀華強教授；著名的創意人、智立方品牌行銷集群董事長楊石頭先生；綠葉生命科學

集團公關總監楊亮先生；美國愛力根（Allergan）公司執行公關總監徐雅麗女士；「未來＋」創辦人李翰林先生；贊伯行銷管理諮詢公司總經理婁紅莉女士；前天娛傳媒文化長趙暉先生；友拓傳播副總裁趙寧先生；聞遠達誠管理諮詢有限公司總裁李國威先生；天與空廣告公司創辦人楊燁昕先生；中國東華大學人文學院徐玲英博士……還有很多在各種形式的交流中給我建議的朋友們，尤其是楊石頭先生發起和領導下的「智客團」眾多智友們；也感謝達道品牌顧問機構和一品內容官的各位同事。

最後，特別感謝中信出版社商業社沈家樂老師和徐聞陽、韓芳老師。在她們的耐心指導、鼓勵和細緻入微的幫助下，本書才得以順利完成。

有方之度 010

企業就是自媒體
——————— 掌握內容行銷大趨勢，打造直通顧客的策略與方法

作者　沙建軍｜社長　余宜芳｜副總編輯　李宜芬｜特約編輯　陳子揚｜封面設計　陳文德｜內頁排版　薛美惠｜出版者　有方文化有限公司／23445 新北市永和區永和路 1 段 156 號 11 樓之 2　電話—(02)2366-0845
傳真—(02)2366-1623｜總經銷　時報文化出版企業股份有限公司／33343 桃園市龜山區萬壽路 2 段 351 號　電話—(02)2306-6842｜印製　中原造像股份有限公司——初版一刷 2021 年 1 月｜定價　新台幣 380 元｜
版權所有・翻印必究——Printed in Taiwan
ISBN：978-986-97921-8-9

企業就是自媒體：掌握內容行銷大趨勢，打造直通顧客的策略與方法 / 沙建軍著 . -- 初版 . -- 新北市：有方文化，2021.1
　面；　公分 . -- (有方之度；10)
ISBN 978-986-97921-8-9 (平裝)

1. 品牌行銷　2. 行銷策略
496　　　　　　　　　　　　　　　　　　　　　　　　　　　　　　109016783